Julia Braun

Polarisationsoptische Eigenschaften nanostrukturierter Metallfilme

Julia Braun

Polarisationsoptische Eigenschaften nanostrukturierter Metallfilme

Ellipsometrische Untersuchungen an Goldfilmen

Südwestdeutscher Verlag für Hochschulschriften

Imprint
Any brand names and product names mentioned in this book are subject to trademark, brand or patent protection and are trademarks or registered trademarks of their respective holders. The use of brand names, product names, common names, trade names, product descriptions etc. even without a particular marking in this work is in no way to be construed to mean that such names may be regarded as unrestricted in respect of trademark and brand protection legislation and could thus be used by anyone.

Cover image: www.ingimage.com

Publisher:
Südwestdeutscher Verlag für Hochschulschriften
is a trademark of
Dodo Books Indian Ocean Ltd., member of the OmniScriptum S.R.L Publishing group
str. A.Russo 15, of. 61, Chisinau-2068, Republic of Moldova Europe
Printed at: see last page
ISBN: 978-3-8381-2663-0

Zugl. / Approved by: Stuttgart, Universität, Diss., 2011

Copyright © Julia Braun
Copyright © 2011 Dodo Books Indian Ocean Ltd., member of the OmniScriptum S.R.L Publishing group

Inhaltsverzeichnis

1	Einleitung	3
2	**Grundlagen der Elektrodynamik**	**7**
2.1	Die Maxwell-Gleichungen	7
2.2	Die Wellengleichungen der Optik	8
2.3	Beschreibung anisotroper und bianisotroper Materialien	10
2.4	Optische Aktivität und räumliche Dispersion	13
3	**Grundlagen der Ellipsometrie**	**15**
3.1	Polarisation elektromagnetischer Wellen	16
3.2	Jones-Matrix-Formalismus	18
3.2.1	Polare Zerlegung der Jones-Matrix	19
3.3	Müller-Matrix-Formalismus	21
3.3.1	Stokes-Vektor	21
3.3.2	Müller-Matrix	23
3.3.3	Polare Zerlegung der Müller-Matrix	24
4	**Optische Eigenschaften metallischer Nanostrukturen**	**29**
4.1	Optische Eigenschaften von Metallen	29
4.1.1	Drude-Modell	29
4.1.2	Lorentz-Modell	32
4.2	Plasmonen	34
4.2.1	Oberflächenplasmonen	35
4.2.1.1	Anregung von Oberflächenplasmonen	37
4.2.1.2	Oberflächenplasmonen in dünnen Metallfilmen	39
5	**Stand der Forschung**	**43**
5.1	Transmission durch Subwavelength Hole Arrays in dicken Filmen	43
5.1.1	Erhöhte Transmission durch Oberflächenplasmonen	43

        5.1.2 Erweiterung des SP-Modells 50
5.2 Transmission durch Subwavelength Hole Arrays in dünnen Filmen 53
5.3 Optische Aktivität ohne Chiralität 55

6 Experimenteller Aufbau und Methoden 59
6.1 Herstellung der Proben 59
6.2 Aufbau und Funktionsweise eines Ellipsometers 60
    6.2.1 Das Variable Angle Spectroscopic Ellipsometer (VASE) 61
    6.2.2 Reflexions- und Transmissionsmessungen 63
    6.2.3 Ellipsometrische Messungen 63

7 Ergebnisse und Diskussion 65
7.1 Transmissionsmessungen 68
    7.1.1 Abhängigkeit von Periodizität und Filmdicke 73
    7.1.2 Vergleich der Messergebnisse mit Simulationen 78
7.2 Müller-Matrix-Ellipsometrie 83
    7.2.1 Darstellung in Polarkoordinaten 88
    7.2.2 Depolarisationseffekte 92
    7.2.3 Energieabhängigkeit 95
7.3 Optische Aktivität? 97

8 Zusammenfassung und Ausblick 105
8.1 Zusammenfassung 105
8.2 Ausblick 111

A Müller-Matrizen verschiedener optischer Elemente 113

B Elektromagnetische Eigenschaften von Materialien 119

C Reflexionsmessungen 125

Literatur 127

Danksagung 137

1 Einleitung

„Finsternis und Licht stehen einander uranfänglich entgegen, eins dem anderen ewig fremd, nur die Materie, die in und zwischen beide sich stellt, hat, wenn sie körperhaft undurchsichtig ist, eine beleuchtete und eine finstere Seite... Ist die Materie durchscheinend, so entwickelt sich in ihr, im Helldunklen, Trüben, in Bezug auf's Auge das, was wir Farbe nennen" (Johann Wolfgang von Goethe).

Die Wechselwirkung von Licht und Materie fasziniert und inspiriert die Menschen seit Jahrhunderten. So beschäftigten sich nicht nur namhafte Naturwissenschaftler sondern auch große Dichter und Denker wie Johann Wolfgang von Goethe [51] mit der Farbenlehre.
Ohne die Theorie der Wechselwirkung von Licht und Materie im Einzelnen zu kennen, wurden bereits in der Antike bestimme Effekte künstlerisch genutzt. So ist z. B. die Wirkung metallischer Nanopartikel auf Licht seit Jahrtausenden bekannt. Bereits um 1400 v. Chr. wurden Metalloxide bei der Glasherstellung beigemischt, was zu einer intensiven Farbgebung führt [99]. Der zugrunde liegende Mechanismus wurde allerdings erst im Jahr 1904 durch James Clerk Maxwell Garnett [42] beschrieben.
Ein neues Kapitel in der Wechselwirkung von Licht mit Materie wurde durch die moderne Nanotechnologie eröffnet. Im Zuge dessen stieg auch das Interesse an der Streuung und Beugung an Nanostrukturen. Der Einzug der Elektronenstrahllithographie in die Strukturtechnik ermöglichte erstmals die gezielte Herstellung von Strukturen im Nanometerbereich. So wurde (und wird) mehr und mehr versucht, die optischen Eigenschaften von Medien künstlich zu verändern.

Neben der Wirkung von ultradünnen Metallfilmen als eine Art Antireflexbeschichtung [64] wurde in den letzten Jahren hauptsächlich die Anwendung von Nanostrukturen hinsichtlich der Realisierung eines negativen Brechungsindex untersucht. Seit der Fragestellung, was passieren würde, wenn der Brechungsindex, oder besser Permeabilität und Permittivität, negativ werden würde [142], beschäftigt dieses Phänomen Wissenschaftler in aller Welt. Agranovich und Gartstein [1] diskutierten in einem Bericht aus dem Jahr 2006, dass ein negativer Brechungsindex eine generelle Eigenschaft sämtlicher Wellen mit negativer Gruppengeschwindigkeit sei. Demzufolge sollten Materialien, bei denen elektromagnetische Wellen mit negativer Gruppengeschwindigkeit

1 Einleitung

Abb. 1.1: Vertiefungen in einem Silberfilm. Einige dieser Vertiefungen gehen durch die gesamte Dicke des Films und bilden die Buchstaben $h\nu$. Wird diese Struktur mit weißem Licht beleuchtet, so wird die Wellenlänge des transmittierten Lichts durch die Periodizität des Gitters bestimmt. In diesem Fall wurden Periodizitäten von 550 nm sowie 450 nm gewählt [45].

auftreten können, einen negativen Brechungsindex zeigen. Als Bedingung dafür nennt er das Auftreten einer ausreichend starken räumlichen Dispersion der optischen Eigenschaften.

Um einen negativen Brechungsindex zu realisieren, wurden während der letzten Jahre immer kompliziertere Strukturen herstellt. Die Variation dieser sogenannten Metamaterialen reicht von Fischnetz- oder Mäander-Strukturen [30, 125, 126] über einfache Spaltringe [88] oder Ω-Strukturen bis hin zu komplizierten dreidimensionalen Anordnungen [89, 90, 129].

Auch das Phänomen der optischen Aktivität lässt sich seit einigen Jahren durch bestimmte Strukturen in Metamaterialien realisieren. Dabei bilden die quasi-zweidimensionalen Nanostrukturen Chiralitätszentren aus [27, 28, 81, 104], was dazu führt, dass diese Materialien eine deutliche optische Aktivität aufweisen. Kurz darauf tauchten Berichte über extrinsische Chiralität auf, wie sie z. B. von Plum et al. [106, 107] beschrieben wurde. Dabei sind für die Strukturen selbst Bild und Spiegelbild identisch, erst aufgrund der Orientierung des einfallenden Lichtstrahls bezüglich der zweidimensionalen Struktur wird eine Spiegelebene kreiert, bei der Bild und Spiegelbild nicht mehr deckungsgleich sind.

Betrachtet man die immer komplizierteren Strukturen, so ist es nicht verwunderlich, dass sich zahlreiche optische Eigenschaften gezielt modifiziert lassen. Allerdings muss berücksichtigt werden, dass solche künstlichen Materialien immer schwieriger herzustellen sind, je komplizierter ihre Struktur ist. Im industriellen Anwendungsbereich sind daher möglichst einfache Strukturen gefragt. So wurde auch in einfachen, hoch symmetrischen Strukturen erfolgreich nach außergewöhnlichen optischen Eigenschaften gesucht. Die von perforierten Metallfilmen (Subwavelength Hole Arrays, SWHAs) bekannte Modulation des Transmissionsspektrums ist ein immer noch interessantes Thema bei der Herstellung von Displays. Kann z. B. die energetische Position der Minima und Maxima gesteuert werden, so ließe sich die Transmission für bestimmte Frequenzen kontrollieren. Dies wurde in Abbildung 1.1 genutzt, um die beiden Buchstaben

h und ν bei Beleuchtung mit weißem Licht in unterschiedlichen Farben erscheinen zu lassen. Zudem ließen sich unter Verwendung von Lochgittern sowohl leichte als auch flexible Bauteile mit einer frequenzabhängigen Maximaltransmission von nahezu 100% herstellen [85]. Weitere Vorschläge beziehen sich auf die Nutzung dieses Effekts in wichtigen technologischen Bereichen wie z. B. der Photolithographie oder der Nahfeldmikroskopie [45, 109]. Auch in der LED-Technik könnte die außergewöhnlich hohe Transmission durch perforierte Metallfilme Anwendung finden [119]. So wird untersucht, ob es möglich ist, die Lichtausbeute bei LEDs durch Verwendung von perforierten Metallfolien zu erhöhen [87].

Trotz dieser vielfältigen Anwendungsmöglichkeiten sind die Ursachen für die außergewöhnlichen optischen Eigenschaften noch immer nicht vollständig geklärt. Besonders die polarisationsoptischen Eigenschaften von Subwavelength Hole Arrays wurden bisher kaum untersucht. Daher widmet sich die vorliegende Arbeit vor allem diesen Aspekten. Unter Verwendung von Transmissionsmessungen sowie der Methode der Müller-Matrix-Ellipsometrie sollen die Eigenschaften von SWHAs in dünnen Metallfilmen charakterisiert werden. Diese Untersuchungen liefern eine umfassende Übersicht über die Eigenschaften von Subwavelength Hole Arrays in semitransparenten Metallfilmen. Im Zuge dessen soll auch die generelle Fragestellung betrachtet werden, inwieweit sich Metamaterialien noch mit effektiven optischen Konstanten beschreiben lassen.

2 Grundlagen der Elektrodynamik

Dieses Kapitel dient dazu, die Grundlagen der Elektrodynamik in einem kurzen Überblick zusammenzufassen. Da bereits eine Fülle an Literatur zu diesem Thema besteht, sollen hier nur die für diese Arbeit wichtigen Aspekte aufgegriffen werden. Für weitere Lektüre sei auf Lehrbücher der Optik (siehe z. B. Ref. [16] oder Ref. [57]) sowie der theoretischen Physik (siehe z. B. Ref. [84]) und Elektrodynamik (siehe z. B. Ref. [31] oder Ref. [67]) verwiesen.

2.1 Die Maxwell-Gleichungen

Die Wechselwirkung von elektromagnetischer Strahlung mit Materie wird durch die Maxwell-Gleichungen vollständig beschrieben. Dabei wird das elektromagnetische Feld durch die elektrische Feldstärke $\vec{E}$ und die magnetische Induktion $\vec{B}$ definiert. Um die Auswirkung des elektromagnetischen Feldes auf Materie beschreiben zu können, ist ein weiterer Satz von Vektoren nötig: die elektrische Flussdichte $\vec{D}$, die magnetische Feldstärke $\vec{H}$ sowie die Stromdichte $\vec{j}$ und die Ladungsdichte ρ. Die vier Maxwell-Gleichungen (in SI-Einheiten) lauten:

Faradaysches Induktionsgesetz:

$$\operatorname{rot}\vec{E}(\vec{r},t) + \frac{\partial \vec{B}(\vec{r},t)}{\partial t} = 0, \tag{2.1}$$

Verallgemeinertes Ampèresches Durchflutungsgesetz:

$$\operatorname{rot}\vec{H}(\vec{r},t) - \frac{\partial \vec{D}(\vec{r},t)}{\partial t} = \vec{j}(\vec{r},t), \tag{2.2}$$

Gaußsches Gesetz:

$$\operatorname{div}\vec{D}(\vec{r},t) = \rho, \tag{2.3}$$

2 Grundlagen der Elektrodynamik

Gaußsches Gesetz des Magnetismus:

$$\operatorname{div} \vec{B}(\vec{r},t) = 0. \tag{2.4}$$

Somit verknüpfen die Maxwell-Gleichungen die fünf Basisvektoren $\vec{E}$, $\vec{H}$, $\vec{D}$, $\vec{B}$ und $\vec{j}$. Für eine eindeutige Beschreibung des Einflusses des elektromagnetischen Feldes auf Materie müssen diese Gleichungen durch die sogenannten Materialgleichungen der Elektrodynamik ergänzt werden. Für eine lineare Wechselwirkung eines homogenen ruhenden Festkörpers mit elektromagnetischer Strahlung gelten die folgenden Beziehungen:

$$\vec{D} = \varepsilon \varepsilon_0 \vec{E}, \tag{2.5}$$
$$\vec{B} = \mu \mu_0 \vec{H}, \tag{2.6}$$
$$\vec{j} = \sigma \vec{E}, \tag{2.7}$$

mit der elektrischen Feldkonstante $\varepsilon_0 = 8{,}854 \times 10^{-12}\,\mathrm{Fm^{-1}}$ und der magnetischen Feldkonstante $\mu_0 = 4\pi \times 10^{-7}\,\mathrm{Hm^{-1}}$. Im allgemeinen Fall anisotroper Materialien ist hierbei $\varepsilon = \varepsilon_1 + \mathrm{i}\varepsilon_2$ der dielektrische Tensor, $\mu = \mu_1 + \mathrm{i}\mu_2$ der Tensor der magnetischen Permeabilität und $\sigma = \sigma_1 + \mathrm{i}\sigma_2$ der Tensor der spezifischen Leitfähigkeit. Alle drei Tensoren hängen im Allgemeinen sowohl von der Frequenz ω als auch vom Wellenvektor $\vec{k}$ ab. Die Symmetrieeigenschaften der Tensoren spiegeln die des Materials wieder. Für isotrope Materialien reduzieren sie sich zu Skalaren. Da für die meisten Materialien die Wellenlänge des Lichts im optischen Spektralbereich sehr groß gegenüber der Einheitszelle dieser Materialien ist ($\vec{k} \approx 0$), kann die räumliche Dispersion vernachlässigt werden. Eine weitere Vereinfachung besteht darin, dass für nicht-magnetische Materialien $\mu_1 = 1$ angenommen werden kann.

2.2 Die Wellengleichungen der Optik

Ausgehend von einem homogenen Medium ohne externe Ladungen ($\rho = 0$) lässt sich durch Eliminieren der magnetischen Induktion $\vec{B}$ und der elektrischen Verschiebung $\vec{D}$ aus den Maxwell-Gleichungen die Wellengleichung für die elektrische Feldstärke herleiten:

$$\nabla^2 \vec{E} - \sigma_1 \mu_1 \mu_0 \frac{\partial \vec{E}}{\partial t} - \varepsilon_1 \mu_1 \varepsilon_0 \mu_0 \frac{\partial^2 \vec{E}}{\partial t^2} = 0. \tag{2.8}$$

2.2 Die Wellengleichungen der Optik

Betrachtet man Dielektrika ($\sigma_1 = 0$), so erkennt man, dass diese Gleichung direkt der skalaren homogenen Wellengleichung entspricht. Mit der Vakuumlichtgeschwindigkeit $c = 1/\sqrt{\varepsilon_0 \mu_0}$ erhält man:

$$\nabla^2 \vec{E} - \frac{\varepsilon_1 \mu_1}{c^2} \frac{\partial^2 \vec{E}}{\partial t^2} = 0. \tag{2.9}$$

Eine Lösung für diese Gleichung liefert eine ebene Welle der Form

$$\vec{E}(\vec{r}, t) = \vec{E}_0 e^{i(\vec{k}\vec{r} - \omega t)} \tag{2.10}$$

mit dem Wellenvektor $\vec{k}$ und der Winkelgeschwindigkeit ω. Mit diesem Ansatz gelangt man zur optischen Dispersionsrelation

$$\vec{k}^2 = k_x^2 + k_y^2 + k_z^2 = \frac{\omega^2}{c^2} \varepsilon_1 \mu_1. \tag{2.11}$$

Die Wellenzahl k ist mit der Wellenlänge λ über $k = |\vec{k}| = 2\pi/\lambda$ verknüpft. Für absorbierende Medien ($\sigma_1 \neq 0$) erhält man in der Dispersionsrelation einen zusätzlichen Term, der die Dämpfung der Welle (z. B. durch Streuung der Ladungsträger) beschreibt und zu einer endlichen Eindringtiefe der Welle in das Medium führt:

$$\vec{k}^2 = \frac{\omega^2}{c^2} \left(\varepsilon_1 \mu_1 + i\sigma \frac{\mu_1}{\omega \varepsilon_0} \right). \tag{2.12}$$

Unter Annahme nicht-magnetischer Materialien ($\mu_1 = 1$) lässt sich diese Gleichung formal vereinfachen. Mit $\varepsilon_2 = \sigma_1/(\omega \varepsilon_0)$ ergibt sich die Dispersionsrelation zu

$$\vec{k}^2 = \frac{\omega^2}{c^2} (\varepsilon_1 + i\varepsilon_2). \tag{2.13}$$

Darin beschreibt der Realteil die Dispersion der Welle und der Imaginärteil die Dissipation.

Für die komplexe optische Leitfähigkeit $\sigma = \sigma_1 + i\sigma_2$ erhält man mit $\sigma_1 = \omega \varepsilon_0 \varepsilon_2$ und $\sigma_2 = \omega \varepsilon_0 (1 - \varepsilon_1)$ folgende Beziehung:

$$\sigma = -i\omega \varepsilon_0 (\varepsilon - 1). \tag{2.14}$$

Hierbei ist zu beachten, dass nun der Realteil $\sigma_1(\omega)$ die Dissipation und der Imaginärteil $\sigma_2(\omega)$ die Dispersion beschreibt.

2 Grundlagen der Elektrodynamik

Generell gelten zwischen der komplexen dielektrischen Funktion $\varepsilon = \varepsilon_1 + i\varepsilon_2$, dem komplexen Brechungsindex $N = n + i\kappa$ und der komplexen Leitfähigkeit $\sigma = \sigma_1 + i\sigma_2$ folgende Beziehungen:

$$\varepsilon_1 = \frac{n^2 - \kappa^2}{\mu_1} = 1 - \frac{\sigma_2}{\omega\varepsilon_0}, \qquad \varepsilon_2 = \frac{2n\kappa}{\mu_1} = \frac{\sigma_1}{\omega\varepsilon_0}. \qquad (2.15)$$

Aus den Fourier-Transformierten der Maxwell-Gleichungen [96, 149] lässt sich leicht erkennen, dass es sich bei elektromagnetischen Wellen in einem isotropen Medium mit $\varepsilon \neq 0$, $\mu_1 = 1$ und $\rho = 0$ um Transversalwellen ($\vec{k} \perp \vec{E}$, $\vec{k} \perp \vec{H}$ und $\vec{E} \perp \vec{H}$) handelt:

$$\vec{k} \times \vec{E}(\vec{k}, \omega) = \omega \vec{B}(\vec{k}, \omega), \qquad (2.16)$$

$$\vec{k} \times \vec{H}(\vec{k}, \omega) = -\omega \vec{D}(\vec{k}, \omega), \qquad (2.17)$$

$$\vec{k} \cdot \vec{D}(\vec{k}, \omega) = 0, \qquad (2.18)$$

$$\vec{k} \cdot \vec{B}(\vec{k}, \omega) = 0. \qquad (2.19)$$

2.3 Beschreibung anisotroper und bianisotroper Materialien

Während die Felder $\vec{E}$ und $\vec{D}$ sowie $\vec{B}$ und $\vec{H}$ in isotropen Medien jeweils in die gleiche Richtung weisen, ist dies bei anisotropen Medien nicht der Fall. Das entscheidende Charakteristikum ist, dass in anisotropen Medien $\vec{E}$ und $\vec{D}$ bzw. $\vec{B}$ und $\vec{H}$ nicht die gleiche Richtung aufweisen. Dabei lässt sich zwischen dielektrischer Anisotropie (z. B. in Kristallen und Flüssigkristallen) und magnetischer Anisotropie (z. B. bei paramagnetischen Materialien) unterscheiden.
Bei der Beschreibung anisotroper Medien ist eine weitere Unterscheidung nötig: Sind die optischen Eigenschaften entlang zweier Achsen gleich, aber unterschiedlich zu den optischen Eigenschaften entlang der dritten Achse, so spricht man von uniaxialer Anisotropie. Dieses Verhalten wird durch einen dielektrischen bzw. magnetischen Tensor der Form

$$\varepsilon_{\text{uni}} = \begin{pmatrix} \varepsilon_x & 0 & 0 \\ 0 & \varepsilon_x & 0 \\ 0 & 0 & \varepsilon_z \end{pmatrix}, \qquad \mu_{\text{uni}} = \begin{pmatrix} \mu_x & 0 & 0 \\ 0 & \mu_x & 0 \\ 0 & 0 & \mu_z \end{pmatrix} \qquad (2.20)$$

dargestellt. Weisen alle drei Achsen eines Materials eine unterschiedliche optische Antwort auf, so ist das Medium biaxial. Hier hängt der dielektrische Tensor stark vom Kristallsystem ab. Für

2.3 Beschreibung anisotroper und bianisotroper Materialien

den allgemeinen Fall eines triklinen Kristallsystems, bei dem die Basisvektoren nicht orthogonal zueinander stehen, ergibt er sich zu

$$\varepsilon_{\text{bi}} = \begin{pmatrix} \varepsilon_x & \varepsilon_\alpha & \varepsilon_\beta \\ \varepsilon_\alpha & \varepsilon_y & \varepsilon_\gamma \\ \varepsilon_\beta & \varepsilon_\gamma & \varepsilon_z \end{pmatrix}. \tag{2.21}$$

Für den magnetischen Tensor gilt Vergleichbares.

Dehnt man die Betrachtung der Wechselwirkung von Materie mit elektromagnetischer Strahlung auf biisotrope bzw. bianisotrope Medien aus, so muss berücksichtigt werden, dass das Magnetfeld zusätzlich die elektrische Verschiebung und das elektrische Feld die magnetische Induktion beeinflusst. Das Präfix „bi" zeigt also die Abhängigkeit von $\vec{D}$ und $\vec{B}$ sowohl von $\vec{E}$ als auch von $\vec{H}$ an. Dies ist sowohl bei magneto-optischen Materialien als auch bei Materialien, die eine lineare Abhängigkeit vom Wellenvektor[1] aufweisen, der Fall [128]. Die Materialgleichungen aus Kapitel 2.1 müssen somit um einen Term erweitert werden, welcher diese Kopplung beschreibt [66, 131]:

$$\vec{D} = \varepsilon\varepsilon_0 \vec{E} + \xi \vec{H}, \tag{2.22}$$
$$\vec{B} = \zeta \vec{E} + \mu\mu_0 \vec{H}. \tag{2.23}$$

Hierbei koppeln ξ bzw. ζ das Magnetfeld $\vec{H}$ mit der elektrischen Verschiebung $\vec{D}$ und das elektrische Feld $\vec{E}$ mit der magnetischen Induktion $\vec{B}$. Wird ein entsprechendes Medium einem elektrischen Feld ausgesetzt, so wird es magnetisch polarisiert und umgekehrt. Die Kopplungskonstanten ξ und ζ sind dabei intrinsische Konstanten für ein jedes Medium. Da ξ und ζ ebenso wie ε und μ richtungsabhängig sein können, müssen sie als Tensoren dargestellt werden. Zusammengefasst lässt sich die Gleichung folgendermaßen aufstellen:

$$\begin{bmatrix} \vec{D} \\ \vec{B} \end{bmatrix} = \begin{bmatrix} \varepsilon\varepsilon_0 & \xi \\ \zeta & \mu\mu_0 \end{bmatrix} \begin{bmatrix} \vec{E} \\ \vec{H} \end{bmatrix} = \mathbf{C} \begin{bmatrix} \vec{E} \\ \vec{H} \end{bmatrix}. \tag{2.24}$$

$\mathbf{C}$ beschreibt hierbei eine 6×6-Zustandsmatrix.

Im isotropen Fall hängen die Kopplungskonstanten ξ und ζ direkt mit den Parametern Reziprozität χ und Chiralität κ zusammen [86]:

$$\xi = (\chi - i\kappa)\sqrt{\varepsilon_0\mu_0}, \qquad \zeta = (\chi + i\kappa)\sqrt{\varepsilon_0\mu_0}. \tag{2.25}$$

---
[1] Bei schwacher räumlicher Dispersion genügt es, lediglich den linearen Anteil zu berücksichtigen.

2 Grundlagen der Elektrodynamik

Damit lassen sich Gl. (2.22) und Gl. (2.23) umschreiben zu

$$\vec{D} = \varepsilon\varepsilon_0 \vec{E} + (\chi - i\kappa)\sqrt{\varepsilon_0\mu_0}\vec{H}, \qquad (2.26)$$
$$\vec{B} = \mu\mu_0 \vec{H} + (\chi + i\kappa)\sqrt{\varepsilon_0\mu_0}\vec{E}. \qquad (2.27)$$

Die Chiralität κ gibt den Grad der Händigkeit des Mediums an[2]. Damit ist sie ein Maß für die optische Aktivität und enthält Informationen über zirkularen Dichroismus. Verschwindet dieser Parameter ($\kappa = 0$), so liegt ein racemisches Medium vor. Eine Vorzeichenänderung von κ bedeutet die Verwendung des Spiegelbildes. Der Parameter χ beschreibt den magnetoelektrischen Effekt. Ist $\chi = 0$, so ist das Medium reziprok. In Abhängigkeit von den Werten, die diese Parameter annehmen können, lassen sich biisotrope Medien folgendermaßen einteilen:

$\chi = 0$ (reziprok), $\quad \kappa = 0$ (nicht-chiral): $\quad$ rein dielektrisches isotropes Medium
$\chi = 0$ (reziprok), $\quad \kappa \neq 0$ (chiral): $\quad$ isotropes chirales Medium
$\chi \neq 0$ (nicht-reziprok), $\quad \kappa = 0$ (nicht-chiral): $\quad$ Tellegen-Medium
$\chi \neq 0$ (nicht-reziprok), $\quad \kappa \neq 0$ (chiral): $\quad$ biisotropes Medium

Ein System ist *reziprok*, sofern sich die Antwort eines Systems auf eine Quelle nicht ändert, wenn Beobachter und Quelle vertauscht werden. Allgemein beschreibt die Reziprozität die Wechselwirkung zwischen Feldern zweier Quellen p und q:

$$\langle\langle p,q \rangle\rangle = \int_{V_p} \left[\vec{J}_e^p(\vec{r},\omega)\vec{E}^q(\vec{r},\omega) - \vec{J}_m^p(\vec{r},\omega)\vec{H}^q(\vec{r},\omega) \right] d^3\vec{r}. \qquad (2.28)$$

Das Volumen V_p, über das in dieser Gleichung integriert wird, beinhaltet die Quelle p. Für die Quelle q lässt sich die Gleichung analog aufstellen. Wenn $\langle\langle p,q \rangle\rangle = \langle\langle q,p \rangle\rangle$ gilt, dann ist das System reziprok.

Reziprozität ist also immer dann gegeben, wenn folgende Bedingungen erfüllt sind:

$$\varepsilon(\vec{r},\omega) = \varepsilon^T(\vec{r},\omega), \qquad \xi(\vec{r},\omega) = -\zeta^T(\vec{r},\omega), \qquad \mu(\vec{r},\omega) = \mu^T(\vec{r},\omega). \qquad (2.29)$$

Testet man die einzelnen Medien, eingeteilt nach ihren elektromagnetischen Eigenschaften, auf Reziprozität, so stellt man fest, dass bianisotrope Medien im Allgemeinen nicht-reziprok sind. Anisotrope Medien dagegen sind reziprok, solange der dielektrische und der magnetische Tensor symmetrisch sind, wie dies z. B. in uniaxialen oder biaxialen Kristallen der Fall ist

---

[2] Die Imaginärzahl $i = \sqrt{-1}$ hebt den frequenzabhängigen Charakter der Gleichung hervor und stammt aus der zeitharmonischen Darstellung $e^{i\omega t}$.

[76, 77]. Biisotrope Medien dagegen müssen reziprok sein [82][3]. Gyrotrope Medien können reziprok, wie z. B. Zuckerlösungen, oder nicht-reziprok, wie z. B. ein Elektronenplasma [56], sein[4]. Nicht-Reziprozität tritt also immer dann auf, wenn ein äußerer axialer Vektor, d. h. ein Magnetfeld, berücksichtigt werden muss.

2.4 Optische Aktivität und räumliche Dispersion

Wie im vorherigen Kapitel erwähnt, ist die *optische Aktivität* eng mit der Chiralität[5] der periodischen Bausteine eines Materials (Moleküle, Einheitszellen, Nanostrukturen, etc.) verbunden. Damit geht die optische Aktivität deutlich über ein rein dielektrisches Verhalten hinaus. Zur vollständigen Beschreibung optisch aktiver Materialien müssen, wie in Kapitel 2.3 angedeutet, magnetische Wechselwirkungen berücksichtigt werden. In den Materialgleichungen wird die magneto-elektrische Kopplung durch die Chiralität κ berücksichtigt. Für optisch aktive Medien ergeben sich somit die elektrische Flussdichte $\vec{D}$ und die magnetische Induktion $\vec{B}$ zu

$$\vec{D} = \varepsilon\varepsilon_0 \vec{E} - i\kappa\sqrt{\varepsilon_0\mu_0}\vec{H}, \qquad (2.30)$$
$$\vec{B} = \mu\mu_0 \vec{H} + i\kappa\sqrt{\varepsilon_0\mu_0}\vec{E}. \qquad (2.31)$$

In isotropen Medien ist die Chiralität eine Bedingung für das Auftreten optischer Aktivität, d. h. nicht-chirale isotrope Medien führen zu keiner Rotation des Polarisationszustandes unabhängig vom Einfallswinkel. In anisotropen Medien tritt optische Aktivität in ihrer klassischen Definition (Lichteinfall senkrecht zur Probenoberfläche) ebenfalls nur bei Vorhandensein chiraler Strukturen auf. Unter schrägem Lichteinfall dagegen sind beliebige anisotrope Medien in der Lage, Licht zu drehen, auch wenn sie keine chiralen Strukturen aufweisen. Dieses Verhalten ist z. B. bei sämtlichen biaxialen Kristallen zu beobachten.

In den vorherigen Abschnitten wurde davon ausgegangen, dass die Berücksichtigung der zeitlichen Dispersion ausreicht, um die optischen Eigenschaften von Medien zu beschreiben. Für Materialien, bei denen die periodischen Bausteine sehr klein im Vergleich zur Wellenlänge des eingestrahlten Lichts sind ($P \ll \lambda$), ist dies auch der Fall. Dabei hängt die dielektrische Funktion lediglich von der Kreisfrequenz ω ab. Im allgemeinen Fall anisotroper Medien gilt somit für den dielektrischen

---

[3] Ein Jahr nach dieser Publikation veröffentlichte Sihvola [130] einen Artikel darüber, dass nicht-reziproke biisotrope Medien nicht generell verboten sein müssen.
[4] Für weiterführende Literatur über Reziprozität in der Optik siehe z. B. Ref. [110].
[5] Chiralität ist eine Struktureigenschaft, welche durch das klassische „Seashell-Problem" [65] beschrieben wird. Dabei sind die chiralen Bausteine dadurch gekennzeichnet, dass sie sich nicht mit ihrem Spiegelbild zur Deckung bringen lassen, d. h. sie besitzen keine Drehspiegelachse.

2 Grundlagen der Elektrodynamik

Tensor $\varepsilon_{ij} = \varepsilon_{ij}(\omega)$. Anders ist es bei Materialien, bei denen die periodischen Bausteine etwa die Größenordnung der Wellenlänge des eingestrahlten Lichts ($\lambda \approx P \geq \lambda/10$) aufweisen. In diesem Fall hängt die optische Antwort an einem bestimmten Ort nicht nur von der Frequenz sondern auch von der Feldstärke an einem beliebigen benachbarten Punkt ab. Bei dieser *räumlichen Dispersion* wird die dielektrische Funktion $\vec{k}$-abhängig [2] und für den dielektrischen Tensor gilt $\varepsilon_{ij} = \varepsilon_{ij}(\omega, \vec{k})$. Dieser lässt sich durch eine Reihenentwicklung nach

$$\varepsilon_{ij}(\omega, \vec{k}) = \varepsilon_{ij}(\omega) + i\gamma_{ijl}(\omega)k_l + \alpha_{ijlm}(\omega)k_l k_m + ... \quad (2.32)$$

darstellen. Im Fall klassischer optischer Aktivität ist es ausreichend, lediglich die Terme erster Ordnung zu berücksichtigen. Für den dielektrischen Tensor $\varepsilon_{ij}(\omega, \vec{k})$ erhält man damit die folgende Beziehung:

$$\varepsilon_{ij}(\omega, \vec{k}) = \varepsilon_{ij}(\omega) + i\gamma_{ijl}(\omega)k_l. \quad (2.33)$$

Ein solches Medium wird als gyrotropes Medium bezeichnet. Gyrotropie lässt sich generell mit optischer Aktivität gleichsetzen und tritt somit in Materialien mit chiraler Struktur auf. Ein Vergleich mit Kapitel 2.3 zeigt, dass räumliche Dispersion und Bianisotropie als gleichwertige Möglichkeiten zur Beschreibung der optischen Aktivität angesehen werden können, solange die optische Antwort $\varepsilon(\omega, \vec{k})$ einer Probe linear vom Wellenvektor $\vec{k}$ abhängt [62].

In nicht-gyrotropen Medien, dies sind im Allgemeinen Medien mit Inversionssymmetrie, ist der Tensor γ_{ijl} Null. Somit darf die quadratische Abhängigkeit nicht vernachlässigt werden und der dielektrische Tensor $\varepsilon_{ij}(\omega, \vec{k})$ ergibt sich zu

$$\varepsilon_{ij}(\omega, \vec{k}) = \varepsilon_{ij}(\omega) + \alpha_{ijlm}(\omega)k_l k_m. \quad (2.34)$$

Diese quadratische Abhängigkeit führt auch in hoch symmetrischen Kristallen, welche im Normalfall als isotrop angesehen werden, zu einer wenig ausgeprägten aber doch messbaren Doppelbrechung in der Größenordnung von $\Delta n \approx (P/\lambda)^2$.

3 Grundlagen der Ellipsometrie

Seitdem Paul Drude Ende des 19. Jahrhunderts erstmals die polarisationsabhängige Phasenverschiebung eines reflektierten Lichtstrahls zur Messung von Schichtdicken im Bereich weniger Nanometer verwendet hat, hat sich die aus diesen Anfängen heraus entwickelte Ellipsometrie als zerstörungsfreie Analysemethode für Oberflächen und dünne Filme mehr und mehr etabliert. Das Prinzip der Ellipsometrie beruht auf der Änderung des Polarisationszustandes eines Lichtstrahls bei Wechselwirkung mit Materie. Das dabei in der Regel elliptisch polarisierte Licht führte zur Namensgebung der Ellipsometrie. Da das Thema Ellipsometrie in zahlreichen Lehrbüchern ausführlich behandelt wird (siehe z. B. Ref. [10, 41, 138]), soll hier nur kurz auf einige Aspekte eingegangen werden.

Bei der Reflexion von Licht an einer Grenzfläche werden die parallel und senkrecht zur Einfallsebene stehenden Anteile des elektrischen Feldes E_p und E_s unterschiedlich stark reflektiert (siehe Abb. 3.1). In Abhängigkeit vom Einfallswinkel θ_1 und den komplexen Brechungsindizes n_1 und n_2 der die Grenzfläche bildenden Medien lässt sich das Verhältnis von einfallendem Feld E_i und reflektiertem Feld E_r durch

$$r_p \equiv \frac{E_{rp}}{E_{ip}} = \frac{n_1 \cos\theta_2 - n_2 \cos\theta_1}{n_1 \cos\theta_2 + n_2 \cos\theta_1}, \tag{3.1}$$

$$r_s \equiv \frac{E_{rs}}{E_{is}} = \frac{n_1 \cos\theta_1 - n_2 \cos\theta_2}{n_1 \cos\theta_1 + n_2 \cos\theta_2} \tag{3.2}$$

beschreiben. Dabei werden r_p und r_s als die komplexen Fresnel-Reflexionskoeffizienten bezeichnet. Der Winkel θ_2 des transmittierten Lichts ist durch das Snelliussche Gesetz gegeben. Zur Beschreibung des Polarisationszustandes werden die ellipsometrischen Winkel Ψ und Δ verwendet. Aus dem Verhältnis der komplexen Fresnel-Reflexionskoeffizienten ergibt sich

$$\frac{r_p}{r_s} = \frac{\tan\Psi_p}{\tan\Psi_s} e^{i(\delta_p - \delta_s)} \equiv \tan\Psi \, e^{i\Delta}. \tag{3.3}$$

Während $\tan\Psi$ die Änderung des Amplitudenverhältnisses wiedergibt, ist Δ als die relative Phasenverschiebung zwischen den elektrischen Feldern in p- und s-Richtung definiert.

3 Grundlagen der Ellipsometrie

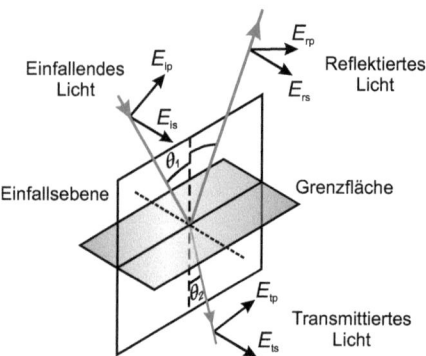

Abb. 3.1: Reflexion und Transmission von Licht an einer Grenzfläche. Die elektrischen Feldvektoren des einfallenden, reflektierten und transmittierten Lichts E_i, E_r und E_t setzen sich aus einer senkrechten (s) und einer parallelen (p) Komponente zusammen. Nach Ref. [63].

3.1 Polarisation elektromagnetischer Wellen

Der Polarisationszustand des Feldes ist durch den zeitlichen Verlauf des reellen elektrischen Feldvektors $\vec{E}_r(r,t)$ bestimmt. Für eine monochromatische ebene Welle mit Ausbreitungsrichtung entlang der z-Achse eines kartesischen Koordinatensystems[1] gilt

$$\vec{E}_r(z,t) = \text{Re}\left\{ \begin{matrix} E_x \\ E_y \end{matrix}\, e^{i(k_z z - \omega t)} \right\}. \tag{3.4}$$

Aufgrund der transversalen Natur dieser ebenen Wellen genügt ein zweikomponentiger Vektor zur Beschreibung des Polarisationszustandes.

Wie im vorigen Abschnitt bereits erwähnt, ist der übliche Polarisationszustand einer monochromatischen Lichtwelle elliptisch. Begründet durch die Transversalität präzediert der Endpunkt des elektrischen Feldvektors auf einer Ellipsenbahn in der Ebene senkrecht zur Ausbreitungsrichtung (siehe Abb. 3.2). Die zeitliche Entwicklung kann dabei als Superposition der harmonischen Schwingungen entlang der x- und y-Achse gesehen werden, wobei eine Phasenverschiebung zwischen beiden Schwingungen zu der elliptischen Bahn führt. Die Zeitabhängigkeit des elektrischen Feldvektors $\vec{E}(t)$ in der Ebene z = 0 kann durch

$$\vec{E}(t) = \begin{bmatrix} E_x(t) \\ E_y(t) \end{bmatrix} = \text{Re}\left\{ \begin{bmatrix} X e^{i\Delta} \\ Y \end{bmatrix} e^{i\omega(t-t_0)} \right\} \tag{3.5}$$

---
[1] Im Folgenden werden dementsprechend anstatt der Indizes p und s die Indizes x und y verwendet.

3.1 Polarisation elektromagnetischer Wellen

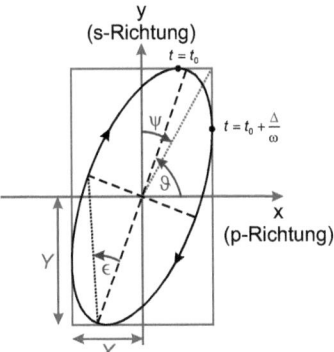

Abb. 3.2: Die Polarisations-Ellipse verdeutlicht den Zusammenhang zwischen Orientierung und Breite der Ellipse und den ellipsometrischen Winkeln Ψ und Δ. Die beiden Zeitpunkte t_0 und $t_0 + \Delta/\omega$ zeigen den Fall maximaler Werte für E_s und E_p an. Im kartesischen Koordinatensystem lässt sich die Ellipse außerdem über ein Set von Azimut ϑ und Elliptizität $\tan \epsilon$ beschreiben. Nach Ref. [138].

beschrieben werden. Dabei sind X und Y die Amplituden des elektrischen Feldes entlang der x- und y-Achse. Das Maximum dieser Amplitudenschwingung wird in y-Richtung zum Zeitpunkt t_0 erreicht. Die x-Komponente erreicht ihren Maximalwert nach der Zeit $t_0 + \Delta/\omega$. Der Winkel zwischen den elektrischen Feldvektoren zu den Zeitpunkten $t = t_0$ und $t = t_0 + \Delta/\omega$ ist also direkt mit der Phasenverschiebung $\Delta = \delta_x - \delta_y$ verknüpft. Die Phasenverschiebung spiegelt sich somit in der Breite der Ellipse wider. Für positive Δ-Werte erfolgt die Präzession im Uhrzeigersinn, die Polarisation wird als rechtshändig bezeichnet. Die Orientierung der Ellipse wird durch das Verhältnis der Amplituden X/Y bestimmt. Die relative Amplitude kann durch den Winkel $\tan \Psi = X/Y$ ausgedrückt werden. Eine weitere Möglichkeit zur Beschreibung der in Abbildung 3.2 dargestellten Polarisationsellipse basiert auf den Winkeln ϑ und ϵ. Hierbei wird die Orientierung durch den Azimut ϑ definiert, die Elliptizität $\tan \epsilon$ gibt die Breite der Ellipse an. Die ellipsometrischen Winkel Ψ und Δ sind mit Azimut ϑ und Elliptizitätswinkel ϵ über $\tan 2\vartheta = -\tan 2\Psi \cos \Delta$ und $\sin 2\epsilon = \sin 2\Psi \sin \Delta$ verknüpft.

Zwei Sonderfälle stellen die Polarisationszustände *linear* und *zirkular* dar. Diese Fälle treten ein, sobald die Elliptizität $\tan \epsilon$ Werte von 0 bzw. ± 1 annimmt. Für lineare Polarisation schrumpft die Ellipse zu einer Geraden zusammen, deren Orientierung durch ϑ bestimmt ist und die keine Händigkeit mehr aufweist. Im Umkehrschluss bedeutet das, dass hierbei sämtliche linearen Polarisationszustände ausschließlich über ihren Azimut definiert sind. Im Fall der zirkularen Polarisation beträgt die Elliptizität $+1$ oder -1. Dabei lässt sich der Azimut nicht mehr

3 Grundlagen der Ellipsometrie

bestimmen, da er als der Winkel zwischen x-Achse und Ellipsenhauptachse definiert ist, welche sich für zirkulare Polarisation nicht eindeutig bestimmen lässt.

3.2 Jones-Matrix-Formalismus

Eine einfache Möglichkeit zur Beschreibung der Änderung des Polarisationszustandes des Lichts bei Durchgang durch ein optisches Element bietet der Jones-Matrix-Formalismus [69]. Hierbei wird der Polarisationszustand des Lichts zeitunabhängig in Form eines Vektors dargestellt:

$$\begin{bmatrix} E_x \\ E_y \end{bmatrix} = \begin{bmatrix} X\,e^{i\delta_x} \\ Y\,e^{i\delta_y} \end{bmatrix}. \tag{3.6}$$

Dieser sogenannte *Jones-Vektor* enthält sämtliche Informationen über Amplitude (X und Y) und Phase (δ_x und δ_y) der Komponenten des elektrischen Feldes in x- und y-Richtung. Die Intensität I ist proportional zur Summe der Amplitudenquadrate des elektrischen Feldes, d.h. sie ist auch proportional zum Produkt von Jones-Vektor und seiner hermitesch Adjungierten: $I \sim X^2 + Y^2 = E_x E_x^* + E_y E_y^*$. Da in der Ellipsometrie weniger die Intensität als der Polarisationszustand interessiert, sind die Jones-Vektoren auf Eins normiert ($E_x E_x^* + E_y E_y^*) = 1$.

Die Änderung des Polarisationszustandes aufgrund von Reflexion[2] an einer Grenzfläche wird durch eine Transformationsmatrix zwischen den Jones-Vektoren des einfallenden und reflektierten Lichtstrahls beschrieben:

$$\begin{bmatrix} E_x \\ E_y \end{bmatrix}_{out} = \mathbf{J} \begin{bmatrix} E_x \\ E_y \end{bmatrix} = \begin{bmatrix} J_{xx} & J_{xy} \\ J_{yx} & J_{yy} \end{bmatrix} \begin{bmatrix} E_x \\ E_y \end{bmatrix}_{in}. \tag{3.7}$$

Diese Transformationsmatrix wird allgemein als *Jones-Matrix* $\mathbf{J}$ bezeichnet. Für den kohärenten Fall geht sie direkt aus den Maxwell-Gleichungen (siehe Kap. 2.1) hervor. Die Hauptdiagonalelemente J_{xx} und J_{yy} beschreiben die Schwächung der Amplitude sowie die Verzögerung der Phase der x- und y-polarisierten Zustände, während die Nebendiagonalelemente J_{xy} und J_{yx} den Transfer für die gekreuzten Polarisationszustände bestimmen.

---

[2] Für Transmission gilt Vergleichbares.

3.2.1 Polare Zerlegung der Jones-Matrix

Über die polare Zerlegung der Jones-Matrix [91] wird eine klare Interpretation der polarisationsoptischen Wirkung eines Objekts ermöglicht. Dabei lassen sich Amplitude und Phase der Polarisationseigenschaften eines homogenen polarisierenden Elements durch die Parameter Diattenuation $\mathcal{D}$ (polarisationsabhängige Schwächung) und Retardance $\mathcal{R}$ (Phasenverzögerung) charakterisieren. Diese sind definiert als:

$$\mathcal{D} = \frac{|T_\mathrm{q} - T_\mathrm{r}|}{T_\mathrm{q} + T_\mathrm{r}}, \qquad 0 \leq \mathcal{D} \leq 1, \tag{3.8}$$

$$\mathcal{R} = |\delta_\mathrm{q} - \delta_\mathrm{r}|, \qquad 0 \leq \mathcal{R} \leq \pi, \tag{3.9}$$

mit T_q, T_r als Transmissionsfaktoren für die (orthogonalen) Eigenpolarisationen und δ_q, δ_r als die entsprechenden Phasenänderungen. Die Diattenuation ist hierbei ein Wert für die Abhängigkeit der Transmissionsfähigkeit des polarisierenden Elements von der Eingangspolarisation, die Retardance hingegen ein Wert für die Abhängigkeit der optischen Weglänge des polarisierenden Elements von der Eingangspolarisation.

Demnach sind zwei Sorten polarisierender Elemente von besonderer Wichtigkeit: Retarder sind homogene polarisierende Elemente ohne Diattenuation, Diattenuatoren sind homogene polarisierende Elemente, die keine Retardance aufweisen [23]. Somit ist ein idealer Polarisator ein Diattenuator mit maximaler Diattenuation, d. h. $\mathcal{D} = 1$. Ein Beispiel für einen Retarder ist z. B. ein $\lambda/4$-Plättchen. Generell weisen homogene polarisierende Elemente sowohl Diattenuation als auch Retardance auf.

Eine brauchbare Basis für die Jones-Matrix stellen die *Pauli-Spin-Matrizen* σ_j dar [38]. Jede Jones-Matrix kann danach als

$$\mathbf{J} = \sum_{j=0}^{3} c_j \sigma_j \tag{3.10}$$

ausgedrückt werden. Hierbei sind c_j reelle Koeffizienten. Die Einheitsmatrix σ_0 sowie die Pauli-Matrizen σ_1, σ_2, σ_3 sind gegeben durch:

$$\sigma_0 = \begin{bmatrix} 1 & 0 \\ 0 & 1 \end{bmatrix}, \quad \sigma_1 = \begin{bmatrix} 1 & 0 \\ 0 & -1 \end{bmatrix}, \quad \sigma_2 = \begin{bmatrix} 0 & 1 \\ 1 & 0 \end{bmatrix}, \quad \sigma_3 = \begin{bmatrix} 0 & -\mathrm{i} \\ \mathrm{i} & 0 \end{bmatrix}. \tag{3.11}$$

Die Einheitsmatrix σ_0 beschreibt das polarisationsoptisch neutrale Element. σ_1 und σ_2 weisen linear polarisierte Eigenzustände entlang der x- und y-Achse bzw. entlang der ersten und zweiten

3 Grundlagen der Ellipsometrie

Winkelhalbierenden auf. σ_3 beschreibt rechts und links zirkular polarisierte Eigenzustände. Diese Zerlegung spiegelt die Aufteilung eines polarisationsoptischen Systems in die acht grundlegenden Eigenschaften wider. Diese sind:

- isotrope (d. h. polarisationsunabhängige) Absorption und Retardierung,
- lineare Doppelbrechung und linearer Dichroismus mit der x- und y-Achse als Eigenachsen,
- lineare Doppelbrechung und linearer Dichroismus mit der ersten und zweiten Winkelhalbierenden als Eigenachsen,
- zirkulare Doppelbrechung und zirkularer Dichroismus.

Wendet man die Darstellung der Jones-Matrix mit Hilfe der Pauli-Spin-Matrizen auf Diattenuator und Retarder an, so erhält man für die Diattenuation

$$\mathcal{D} = 2\frac{\sqrt{c_{1_\mathcal{D}}^2 + c_{2_\mathcal{D}}^2 + c_{3_\mathcal{D}}^2}}{1 + c_{1_\mathcal{D}}^2 + c_{2_\mathcal{D}}^2 + c_{3_\mathcal{D}}^2} \tag{3.12}$$

und für die Retardance

$$\mathcal{R} = 2\sqrt{c_{1_\mathcal{R}}^2 + c_{2_\mathcal{R}}^2 + c_{3_\mathcal{R}}^2} \tag{3.13}$$

mit den reellen Koeffizienten für Diattenuation $c_{j_\mathcal{D}}$ bzw. Retardance $c_{j_\mathcal{R}}$, $j = 1,2,3$ und der Bedingung $c_{1_\mathcal{D}}^2 + c_{2_\mathcal{D}}^2 + c_{3_\mathcal{D}}^2 \leq 1$. Dabei ist die Diattenuatorachse als die Eigenpolarisation mit dem größeren Eigenwert definiert.
Für die Zerlegung der Jones-Matrix in eine Diattenuator-Jones-Matrix $\mathbf{J}_\mathcal{D}$ und eine Retarder-Jones-Matrix $\mathbf{J}_\mathcal{R}$ ergibt sich

$$\mathbf{J} = \mathbf{J}_\mathcal{R}\mathbf{J}_\mathcal{D}. \tag{3.14}$$

Demnach kann jedes beliebige polarisierende optische Element als eine Kombination aus Retarder und Diattenuator angesehen werden.
Der Nachteil des Jones-Matrix-Formalismus ist, dass in der hier gewählten Darstellung, d. h. unter Vernachlässigung der Zeitinformation, Depolarisationsprozesse nicht erfassbar sind. Im Fall von partiell polarisiertem oder vollständig depolarisiertem Licht muss die Betrachtung erweitert und ein neuer Formalismus angenommen werden.

3.3 Müller-Matrix-Formalismus

3.3.1 Stokes-Vektor

Soll eine partielle Depolarisation bei der Wechselwirkung von Licht mit einer Grenzfläche berücksichtigt werden, bietet der Müller-Matrix-Formalismus eine hervorragende Möglichkeit zur Beschreibung sämtlicher Polarisationseigenschaften. Dabei werden sämtliche Eigenschaften eines Lichtstrahls über einen vierkomponentigen Vektor[3], den *Stokes-Vektor* **S**, beschrieben [137]:

$$\mathbf{S} = \begin{bmatrix} S_0 \\ S_1 \\ S_2 \\ S_3 \end{bmatrix} = \begin{bmatrix} E_x E_x^* + E_y E_y^* \\ E_x E_x^* - E_y E_y^* \\ E_x E_y^* + E_y E_x^* \\ -i(E_x E_y^* + E_y E_x^*) \end{bmatrix} = \begin{bmatrix} E_{0x}^2 + E_{0y}^2 \\ E_{0x}^2 - E_{0y}^2 \\ 2E_{0x}E_{0y}\cos\delta \\ 2E_{0x}E_{0y}\sin\delta \end{bmatrix}. \quad (3.15)$$

In dieser Gleichung ist δ die Phasendifferenz. Für die einzelnen Stokes-Parameter gelten folgende Beziehungen zur Intensität:

S_0 entspricht der Gesamtintensität,

S_1 entspricht der Intensitätsdifferenz zwischen x- und y-polarisiertem Licht,

S_2 entspricht der Intensitätsdifferenz zwischen $+45°$- und $-45°$-polarisiertem Licht,

S_3 entspricht der Differenz zwischen rechts und links zirkular polarisiertem Licht.

Somit lässt sich der Stokes-Vektor auch schreiben als

$$\mathbf{S} = \begin{bmatrix} S_0 \\ S_1 \\ S_2 \\ S_3 \end{bmatrix} = \begin{bmatrix} I_0 \\ I_x - I_y \\ I_{+45°} - I_{-45°} \\ I_{rc} - I_{lc} \end{bmatrix}. \quad (3.16)$$

Dabei gilt $S_0^2 \geq S_1^2 + S_2^2 + S_3^2$, wobei das Gleichheitszeichen dem Fall vollständig polarisierten Lichts entspricht.

---

[3] Genau genommen müsste man den Stokes-Vektor **S** als „Stokes-Spalten-Matrix" bezeichnen, da er mathematisch gesehen kein Vektor ist.

3 Grundlagen der Ellipsometrie

Damit lässt sich der Polarisationsgrad P definieren als das Verhältnis der Intensität der polarisierten Komponente I_pol zur Gesamtintensität I_tot:

$$P = \frac{I_\text{pol}}{I_\text{tot}} = \frac{\sqrt{S_1^2 + S_2^2 + S_3^2}}{S_0}. \tag{3.17}$$

Bei vollständiger Polarisation ist $P = 1$, während für völlig unpolarisiertes Licht P den Wert Null annimmt. Dabei kann der Polarisationsgrad in einen linearen und einen zirkularen Anteil aufgespaltet werden:

$$P_\text{lin} = \frac{\sqrt{S_1^2 + S_2^2}}{S_0}, \qquad P_\text{circ} = \left|\frac{S_3}{S_0}\right|. \tag{3.18}$$

Eine der anschaulichsten Beschreibungen für den Polarisationszustand von Licht bietet die *Poincaré-Kugel* (siehe Abb. 3.3). Hierbei lassen sich sämtliche Polarisationszustände durch Punkte auf der Kugeloberfläche (Radius S_0) darstellen [68]. Der Äquator spiegelt den Zustand linearer Polarisation wieder ($S_3 = 0$), die Pole entsprechen links bzw. rechts zirkularer Polarisation ($S_1 = S_2 = 0$). Das bedeutet, dass eine Veränderung des Azimuts ϑ der Polarisationsellipse mit einer Verschiebung des Punktes entlang eines Breitengrades einhergeht, während sich eine Änderung in der Elliptizität $\tan \epsilon$ durch eine Verschiebung entlang eines Längengrades bemerkbar macht. Zueinander orthogonale Polarisationszustände entsprechen somit gegenüberliegenden Punkten auf der Kugeloberfläche. In Abhängigkeit von den Winkeln ϑ und ϵ gelten daher für die Stokes-Parameter folgende Beziehungen:

$$S_1 = S_0 \cos 2\epsilon \cos 2\vartheta, \tag{3.19}$$
$$S_2 = S_0 \cos 2\epsilon \sin 2\vartheta, \tag{3.20}$$
$$S_3 = S_0 \sin 2\epsilon. \tag{3.21}$$

Im Allgemeinen wird der Stokes-Vektor in normierter Form mit $S_0 = 1$ dargestellt:

$$\mathbf{S} = \begin{bmatrix} S_0 \\ S_1 \\ S_2 \\ S_3 \end{bmatrix} = \begin{bmatrix} 1 \\ \cos 2\epsilon \cos 2\vartheta \\ \cos 2\epsilon \sin 2\vartheta \\ \sin 2\epsilon \end{bmatrix}. \tag{3.22}$$

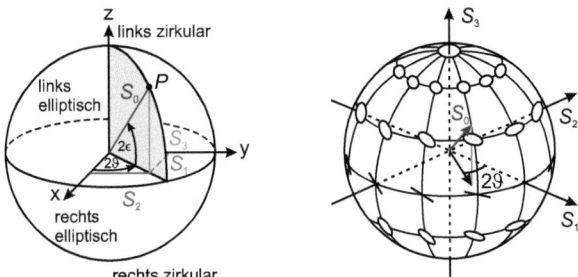

Abb. 3.3: Die Polarisationszustände des Lichts lassen sich am anschaulichsten durch Punkte auf der Kugeloberfläche der Poincaré-Kugel mit Radius S_0 darstellen. Der Äquator spiegelt den Zustand linearer Polarisation wieder, die Pole entsprechen links bzw. rechts zirkularer Polarisation. Nach Ref. [8, 68].

3.3.2 Müller-Matrix

Analog zum Jones-Matrix-Formalismus lässt sich die Wechselwirkung eines Lichtstrahls mit einer Grenzfläche durch eine 4×4-Matrix beschreiben [48]:

$$\begin{bmatrix} S_0 \\ S_1 \\ S_2 \\ S_3 \end{bmatrix}_{\text{out}} = \mathbf{M} \begin{bmatrix} S_0 \\ S_1 \\ S_2 \\ S_3 \end{bmatrix}_{\text{in}} = \begin{bmatrix} m_{00} & m_{01} & m_{02} & m_{03} \\ m_{10} & m_{11} & m_{12} & m_{13} \\ m_{20} & m_{21} & m_{22} & m_{23} \\ m_{30} & m_{31} & m_{32} & m_{33} \end{bmatrix} \begin{bmatrix} S_0 \\ S_1 \\ S_2 \\ S_3 \end{bmatrix}_{\text{in}}. \tag{3.23}$$

Das Müller-Matrix-Element m_{00} gibt den unpolarisierten Intensitätstransfer an. Ansonsten beschreibt ein jedes Element m_{ij} die Kopplung zwischen den entsprechenden Elementen der Stokes-Vektoren $S_{i,\text{out}}$ und $S_{j,\text{in}}$. Demnach sind die Transmissionseigenschaften eines optischen Elements vollständig durch die erste Zeile bestimmt. Für die maximale und minimale Transmission $T_{\max}$ und $T_{\min}$ gilt daher

$$T_{\substack{\max \\ \min}} = m_{00} \pm \sqrt{m_{01}^2 + m_{02}^2 + m_{03}^2}. \tag{3.24}$$

Wie bereits in Kapitel 3.2 beschrieben, gibt die Diattenuation $\mathcal{D}$ die polarisationsabhängige Schwächung bei Transmission durch ein optisches Element an. Die Diattenuation der Müller-Matrix ergibt sich somit zu

$$\mathcal{D} = \frac{T_{\max} - T_{\min}}{T_{\max} + T_{\min}} = \frac{1}{m_{00}} \sqrt{m_{01}^2 + m_{02}^2 + m_{03}^2}. \tag{3.25}$$

3 Grundlagen der Ellipsometrie

Daraus folgt, dass die normierten Matrix-Elemente m_{0j}/m_{00} ($j = 1,2,3$) die Diattenuation für den jeweiligen Eingangspolarisationszustand wiedergeben. Somit erhält man aus der ersten Reihe direkt den Diattenuationsvektor

$$\vec{\mathcal{D}} = \begin{bmatrix} \mathcal{D}_{\text{xy}} \\ \mathcal{D}_{\text{diag}} \\ \mathcal{D}_{\text{circ}} \end{bmatrix} = \frac{1}{m_{00}} \begin{bmatrix} m_{01} \\ m_{02} \\ m_{03} \end{bmatrix}. \tag{3.26}$$

Die lineare Diattenuation ist daher als $\mathcal{D}_{\text{lin}} = \sqrt{\mathcal{D}_{\text{xy}}^2 + \mathcal{D}_{\text{diag}}^2}$ definiert.

Analog spiegelt die erste Spalte den Fall für einen unpolarisierten Eingangszustand wider. Die normierten Matrix-Elemente m_{j0}/m_{00} ($j = 1,2,3$) beschreiben daher das Polarisationsvermögen $\mathcal{P}$ eines optischen Elements für den jeweiligen Ausgangspolarisationszustand. Für das Polarisationsvermögen gilt

$$\mathcal{P} = \frac{1}{m_{00}} \sqrt{m_{10}^2 + m_{20}^2 + m_{30}^2}, \quad 0 \leq \mathcal{P} \leq 1. \tag{3.27}$$

Der Polarisierungsvektor $\vec{\mathcal{P}}$ ist folglich definiert als

$$\vec{\mathcal{P}} = \begin{bmatrix} \mathcal{P}_{\text{xy}} \\ \mathcal{P}_{\text{diag}} \\ \mathcal{P}_{\text{circ}} \end{bmatrix} = \frac{1}{m_{00}} \begin{bmatrix} m_{10} \\ m_{20} \\ m_{30} \end{bmatrix}. \tag{3.28}$$

Der Vollständigkeit halber sei nun noch die Retardance betrachtet. Analog zur Diattenuation ist der Retardancevektor $\vec{\mathcal{R}}$ definiert als

$$\vec{\mathcal{R}} = \begin{bmatrix} \mathcal{R}_{\text{xy}} \\ \mathcal{R}_{\text{diag}} \\ \mathcal{R}_{\text{circ}} \end{bmatrix}. \tag{3.29}$$

Die lineare Retardance ergibt sich daher zu $\mathcal{R}_{\text{lin}} = \sqrt{\mathcal{R}_{\text{xy}}^2 + \mathcal{R}_{\text{diag}}^2}$.

3.3.3 Polare Zerlegung der Müller-Matrix

Obwohl die Müller-Matrix sämtliche Informationen über polarisierende und depolarisierende Eigenschaften eines Systems liefert, ist eine direkte Zuordnung zwischen den einzelnen Parametern und den einzelnen Elementen der Müller-Matrix schwierig. Eine Möglichkeit, um dennoch

3.3 Müller-Matrix-Formalismus

Aussagen über diese Parameter machen zu können, besteht in der polaren Zerlegung der Müller-Matrix [50, 92, 101] in eine Diattenuator-, eine Retarder- und (für depolarisierende optische Elemente) eine Depolarisator-Matrix.

Der Effekt, den ein Retarder auf den Polarisationszustand ausübt, ist vergleichbar mit einer Rotation der Poincaré-Kugel. Die Retarder-Müller-Matrix $\mathbf{M}_\mathcal{R}$ ist daher gegeben durch

$$\mathbf{M}_\mathcal{R} = \begin{bmatrix} 1 & \vec{0}^T \\ \vec{0} & \mathbf{m}_\mathcal{R} \end{bmatrix}. \tag{3.30}$$

Hierbei steht $\vec{0}$ für einen dreikomponentigen Nullvektor. Die dreidimensionale Rotationsmatrix $\mathbf{m}_\mathcal{R}$ ist die 3×3 Teilmatrix der Retarder-Matrix $\mathbf{M}_\mathcal{R}$. Somit weist die Retarder-Müller-Matrix drei Freiheitsgrade auf, welche durch den Retardancevektor (siehe Gl. (3.29)) gegeben sind. In Gl. (3.30) wird angenommen, dass die Transmission des Retarders Eins ist.

Im Gegensatz zum Retarder wirkt sich ein Diattenuator lediglich auf die Transmission und damit auf den Radius der Poincaré-Kugel aus. Mit dem Diattenuationsvektor $\vec{D}$ ergibt sich die symmetrische Müller-Matrix eines Diattenuators zu

$$\mathbf{M}_\mathcal{D} = T_\mathrm{u} \begin{bmatrix} 1 & \vec{D}^T \\ \vec{D} & \mathbf{m}_\mathcal{D} \end{bmatrix}. \tag{3.31}$$

Die Transmission des unpolarisierten Lichts wird durch den Parameter $T_\mathrm{u} = m_{00}$ berücksichtigt. Daher besitzt die Diattenuator-Müller-Matrix vier Freiheitsgrade, drei durch den Diattenuationsvektor (siehe Gl. (3.26)) und einen aufgrund der Transmission für unpolarisiertes Licht. Infolgedessen hängen sieben der 16 Freiheitsgrade einer beliebigen Müller-Matrix direkt mit nicht-depolarisierenden Prozessen wie Diattenuation, Retardance oder polarisationsunabhängigen Verlusten (z. B. Absorption) zusammen.

Analog zur Jones-Matrix kann eine nicht-depolarisierende Müller-Matrix durch eine Kombination aus Retarder- und Diattenuator-Matrix dargestellt werden:

$$\mathbf{M} = \mathbf{M}_\mathcal{R} \mathbf{M}_\mathcal{D}. \tag{3.32}$$

Zur vollständigen Beschreibung der Polarisationseigenschaften einer nicht-depolarisierenden Müller-Matrix fehlt allerdings noch ein Parameter: das Polarisationsvermögen $\mathcal{P}$. Mit Diat-

3 Grundlagen der Ellipsometrie

tenuationsvektor $\vec{\mathcal{D}}$ und Polarisierungsvektor $\vec{\mathcal{P}}$ lässt sich für die Müller-Matrix schreiben:

$$\mathbf{M} = m_{00} \begin{bmatrix} 1 & \vec{\mathcal{D}}^T \\ \vec{\mathcal{P}} & \mathbf{m} \end{bmatrix}. \tag{3.33}$$

Dabei ist $\mathbf{m} = \mathbf{m}_\mathcal{R}\mathbf{m}_\mathcal{D}$ und $\vec{\mathcal{P}} = \mathbf{m}_\mathcal{R}\vec{\mathcal{D}}$. Dies impliziert, dass Diattenuation und Polarisationsvermögen für nicht-depolarisierende Elemente den gleichen Betrag aufweisen. Anschaulich heißt das, dass $m_{01}^2 + m_{02}^2 + m_{03}^2 = m_{10}^2 + m_{20}^2 + m_{30}^2$ erfüllt sein muss. Für eine homogene, nicht-depolarisierende Müller-Matrix müssen Polarisations- und Diattenuationsvektor identisch sein, d. h. $\vec{\mathcal{D}} = \vec{\mathcal{P}}$.

Will man auch depolarisierende optische Elemente beschreiben, so kommt zu Diattenuator und Retarder ein drittes Element, der Depolarisator, hinzu. Der Effekt, den ein Depolarisator auf den Polarisationszustand ausübt, ist vergleichbar mit einer Streuung des Polarisationszustandes auf der Oberfläche der Poincaré-Kugel. Ebenso wie im Fall des Diattenuators muss auch beim Depolarisator das Polarisationsvermögen berücksichtigt werden. Mit dem Polarisierungsvektor $\vec{\mathcal{P}}_\Delta$ ergibt sich somit die Depolarisator-Müller-Matrix zu

$$\mathbf{M}_\Delta = \begin{bmatrix} 1 & \vec{0}^T \\ \vec{\mathcal{P}}_\Delta & \mathbf{m}_\Delta \end{bmatrix}. \tag{3.34}$$

Dabei beschreiben die Eigenwerte und Eigenvektoren von $\mathbf{m}_\Delta$ die Depolarisationseigenschaften. Diese Depolarisator-Müller-Matrix liefert die restlichen neun Freiheitsgrade[4] einer beliebigen Müller-Matrix.

Unter Verwendung der drei Elemente Diattenuator, Retarder und Depolarisator lässt sich die Müller-Matrix auch für depolarisierende optische Elemente beschreiben. Die Müller-Matrix $\mathbf{M}$ ergibt sich dann zu

$$\mathbf{M} = \mathbf{M}_\Delta \mathbf{M}_\mathcal{R} \mathbf{M}_\mathcal{D}. \tag{3.35}$$

Betrachtet man nun nochmals die Müller-Matrix mit ihren Elementen $m_{00} \ldots m_{33}$, so lassen sich zumindest einige Elemente zuordnen:

---

[4] Die Depolarisator-Müller-Matrix ohne Berücksichtigung der polarisierenden Eigenschaften weist sechs Freiheitsgrade auf, der Polarisierungsvektor liefert drei Freiheitsgrade.

3.3 Müller-Matrix-Formalismus

- Die erste Zeile gibt die Diattenuation vollständig wieder. Eine Aufteilung erfolgt in lineare Diattenuation $\mathcal{D}_{xy}$ entlang der Koordinatenachsen, lineare Diattenuation $\mathcal{D}_{diag}$ entlang der ersten und zweiten Winkelhalbierenden und zirkulare Diattenuation $\mathcal{D}_{circ}$.
- Die erste Spalte beschreibt das Polarisationsvermögen vollständig. Hier erfolgt ebenfalls eine Aufteilung in lineare Polarisation $\mathcal{P}_{xy}$ entlang der Koordinatenachsen, lineare Polarisation $\mathcal{P}_{diag}$ entlang der ersten und zweiten Winkelhalbierenden und zirkulare Polarisation $\mathcal{P}_{circ}$.
- Die restlichen Außerdiagonalelemente m_{12}, m_{13}, m_{23} und m_{21}, m_{31}, m_{32} hängen folglich mit der Retardance zusammen.
- Das Element m_{00} beschreibt die Transmission des unpolarisierten Lichts, die Elemente m_{11}, m_{22}, m_{33} hängen ebenfalls mit Transmission bzw. Reflexion des jeweiligen Eingangspolarisationszustandes zusammen. Diese Elemente seien durch $\mathcal{A}_0 \ldots \mathcal{A}_3$ gekennzeichnet.

Aufgrund des Vergleichs mit Müller-Matrizen verschiedener polarisationsoptischer Komponenten mit definierten Eigenschaften (siehe Anhang A) lassen sich die mit der Retardance zusammenhängenden Elemente ebenfalls in lineare Retardance $\mathcal{R}_{xy}$ entlang der Koordinatenachsen, lineare Retardance $\mathcal{R}_{diag}$ entlang der ersten und zweiten Winkelhalbierenden und zirkulare Retardance $\mathcal{R}_{circ}$ aufteilen.

Somit lässt sich die Müller-Matrix folgendermaßen darstellen[5]:

$$\mathbf{M} = \begin{bmatrix} \mathcal{A}_0 & \mathcal{D}_{xy} & \mathcal{D}_{diag} & \mathcal{D}_{circ} \\ \mathcal{P}_{xy} & \mathcal{A}_1 & \mathcal{R}_{circ} & \mathcal{R}_{diag} \\ \mathcal{P}_{diag} & \mathcal{R}_{circ} & \mathcal{A}_2 & \mathcal{R}_{xy} \\ -\mathcal{P}_{circ} & -\mathcal{R}_{diag} & -\mathcal{R}_{xy} & \mathcal{A}_3 \end{bmatrix}. \tag{3.36}$$

Mögliche auftretende Depolarisationseffekte machen sich durch Asymmetrie in der Müller-Matrix bemerkbar.

---

[5] In einer Transmissions-Müller-Matrix sind die Elemente m_{j3} und m_{3j} antisymmetrisch. Gleiches gilt für die Elemente m_{j2} und m_{2j} in Reflexion. Hier ist somit eine Transmissions-Müller-Matrix dargestellt.

4 Optische Eigenschaften metallischer Nanostrukturen

4.1 Optische Eigenschaften von Metallen

4.1.1 Drude-Modell

Zur Beschreibung der elektrischen und thermischen Leitfähigkeit eines Metalls wird seit Beginn des 20. Jahrhunderts das Modell des freien Elektronengases verwendet. Dieses Modell wurde 1900 von Paul Drude [33] eingeführt und geht von dem Ansatz aus, dass sich die Elektronen eines Metalls, analog zu den Atomen eines Gases, in diffuser Bewegung befinden. Es liefert sowohl eine Erklärung für die optischen Eigenschaften von Metallen, z. B. die hohe Reflektivität, als auch für die gute thermische und elektrische Leitfähigkeit. Durch seine Anwendung der kinetischen Gastheorie auf das Elektronengas konnte Drude erstmals das Wiedemann-Franz-Gesetz theoretisch ableiten. Dies gehört, neben der Anschaulichkeit und Einfachheit, zu den größten Erfolgen des Drude-Modells [61].

Wird an das Elektronengas ein elektrisches Feld $\vec{E}(t) = \vec{E}_0 e^{-i\omega t}$ mit der Kreisfrequenz $\omega = 2\pi\nu$ angelegt, so werden die Elektronen periodisch beschleunigt. Die Verschiebung $\vec{r}$ der Elektronen lässt sich dabei durch die folgende Differentialgleichung ausdrücken:

$$m\frac{d^2\vec{r}}{dt^2} + \frac{m}{\tau}\frac{d\vec{r}}{dt} = -e\vec{E}(t). \tag{4.1}$$

Hierbei ist m die Masse und e die Ladung der freien Elektronen. Der zweite Term auf der linken Seite beschreibt die Dämpfung aufgrund von Streuprozessen. Diese werden durch die Streurate $\gamma = 1/(2\pi\tau)$ mit τ als der mittleren Zeit zwischen zwei Streuprozessen beschrieben. Diese Verschiebung der Elektronen gegenüber dem positiv geladenen Ionengitter führt zu einer

4 Optische Eigenschaften metallischer Nanostrukturen

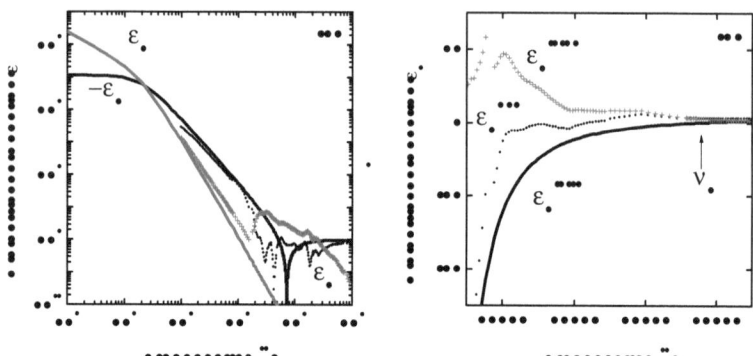

Abb. 4.1: (a) Real- und Imaginärteil der dielektrischen Funktion von Bulk-Gold nach Drude (durchgezogenen Linie) sowie experimentell bestimmt (Symbole). (b) Realteil der dielektrischen Funktion für Bulk-Gold im Bereich der Plasmafrequenz: Aufspaltung der experimentell erhaltenen Werte in die Beiträge durch Intra- und Interbandübergänge. Die benötigten Parameter bzw. experimentellen Werte wurden Ref. [14, 93] entnommen.

Veränderung der elektrischen Flussdichte $\vec{D}$, was mit der Einführung der Polarisation $\vec{P} = -N_e e \vec{r}$ beschrieben werden kann:

$$\vec{D} = \varepsilon_0 \vec{E} + \vec{P} = \varepsilon_0 \vec{E} - \frac{N_e e^2}{m(\omega^2 + i\omega/\tau)} \vec{E}. \tag{4.2}$$

N_e bezeichnet hierbei die Elektronendichte.
Die Verschiebung $\vec{r}$ erhält man als Lösung der Bewegungsgleichung (4.1):

$$\vec{r}(t) = \frac{e}{m(\omega^2 + i\omega/\tau)} \vec{E}(t). \tag{4.3}$$

Mit Einführen der Plasmakreisfrequenz $\omega_p = \sqrt{N_e e^2/(m\varepsilon_0)}$ ergibt sich daraus zusammen mit der Materialgleichung (2.5) die komplexe dielektrische Funktion $\varepsilon(\omega) = \varepsilon_1(\omega) + i\varepsilon_2(\omega)$ zu

$$\varepsilon(\omega) = 1 - \frac{\omega_p^2}{\omega^2 + i\omega/\tau} = 1 - \frac{\omega_p^2}{\omega^2 + \tau^{-2}} + i\frac{1}{\omega\tau}\frac{\omega_p^2}{\omega^2 + \tau^{-2}}. \tag{4.4}$$

Die Plasmakreisfrequenz gibt dabei die Frequenz an, mit der die Elektronen gegenüber dem positiven Ionengitter schwingen. Für einfache Metalle gilt dabei $1/\tau \ll \omega_p$ [31, 40]. Die Eins des ersten Terms gibt die dielektrische Konstante des Vakuums $\varepsilon_{\text{vac}} = 1$ an. Von dieser wird der eigentliche Drude-Term subtrahiert.

4.1 Optische Eigenschaften von Metallen

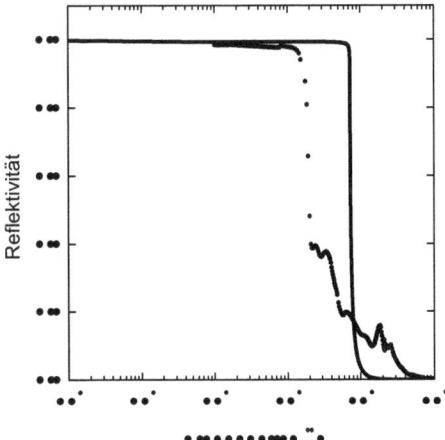

Abb. 4.2: Reflektivität nach dem Drude-Modell [14] und experimentelle Werte für Bulk-Gold [93].

Analog lässt sich die komplexe Leitfähigkeit $\sigma(\omega) = \sigma_1(\omega) + i\sigma_2(\omega)$ in Abhängigkeit von ω und τ ausdrücken:

$$\sigma(\omega) = \frac{\omega_p^2 \tau \varepsilon_0}{1 - i\omega\tau} = \frac{\omega_p^2 \tau \varepsilon_0}{1 + \omega^2 \tau^2} + i\frac{\omega \omega_p^2 \tau^2 \varepsilon_0}{1 + \omega^2 \tau^2}. \tag{4.5}$$

In den Abbildungen 4.1 und 4.2 sind die komplexe dielektrische Funktion sowie die daraus berechnete Reflektivität exemplarisch für Gold dargestellt. Jede Abbildung zeigt dabei einen Vergleich zwischen Drude-Modell (siehe Gl. (4.4)) und Experiment. Zur Berechnung der dielektrischen Funktion nach Drude (durchgezogenen Linien) wurden die Werte von Bennett und Bennett [14] mit $\nu_p = 72\,719\,\text{cm}^{-1}$ und $\gamma = 1/(2\pi\tau) = 216\,\text{cm}^{-1}$ verwendet. Die experimentellen Werte (Symbole) sind in Ref. [93] tabellarisch aufgeführt.

Es ist bereits auf den ersten Blick erkennbar, dass die Übereinstimmung von Drude-Modell und experimentell erhaltenen Werten für Frequenzen unterhalb ca. $20\,000\,\text{cm}^{-1}$, abgesehen von kleineren Abweichungen, relativ gut ist. Oberhalb dieser Frequenz treten dagegen große Abweichungen auf. Die Ursache dafür sind Interbandübergänge von Elektronen aus energetisch tiefer liegenden d-Bändern in das Leitungsband, was bei Gold zu einem Einbruch in der Reflektivität im sichtbaren Bereich des Spektrums führt und damit unter anderem die typische goldene Farbe erklärt. Abbildung 4.1 (b) zeigt die einzelnen Beiträge $\varepsilon_1(\omega) = \varepsilon_1^{\text{intra}}(\omega) + \varepsilon_1^{\text{inter}}(\omega)$

4 Optische Eigenschaften metallischer Nanostrukturen

zum Realteil der dielektrischen Funktion $\varepsilon_1(\omega)$ sowie die experimentell erhaltenen Werte für Bulk-Gold.

Die Diskrepanzen des Drude-Modells, z. B. die Proportionalität von Widerstand und Elektronengeschwindigkeit zur Wurzel der Temperatur sowie die Vernachlässigung von Elektron-Elektron- und Elektron-Phonon-Wechselwirkungen, wurden 1933 von Arnold Sommerfeld und Hans Bethe [134] durch die Berücksichtigung von Bandstruktureffekten über die Einführung einer effektiven Masse und die Betrachtung der Leitungsbandelektronen als Fermigas korrigiert. Diese Erweiterung ist im Gegensatz zum ursprünglichen Drude-Modell in der Lage, das 1819 experimentell gefundene Dulong-Petit-Gesetz über die spezifische Wärme monoatomarer Festkörper korrekt zu beschreiben.

4.1.2 Lorentz-Modell

Das Lorentz-Modell stellt eine Verallgemeinerung des Drude-Modells dar, mit Hilfe dessen eine Vielzahl an Materialien von Metallen über Halbleiter bis hin zu Isolatoren beschrieben werden kann. Der Vorteil des Lorentz-Modells gegenüber dem Drude-Modell besteht darin, dass zusätzliche Absorptionsmaxima z. B. durch Bandübergänge berücksichtigt werden. Diese können durch Lorentz-Oszillatoren beschrieben werden.

Für die Beschreibung aneinander gekoppelter Ladungen, z. B. für einen Atomkern und das dazu gehörende Elektron, lässt sich das Modell des gedämpften harmonischen Oszillators verwenden. Wird der sehr viel schwerere Atomkern als ruhend angenommen, so lautet die Bewegungsgleichung für die Wechselwirkung des Elektrons mit einem elektromagnetischen Wechselfeld:

$$m\frac{d^2\vec{r}}{dt^2} + \frac{m}{\tau}\frac{d\vec{r}}{dt} + m\omega_0^2\vec{r} = -e\vec{E}(t). \tag{4.6}$$

$\omega_0 = 2\pi\nu_0$ gibt die Eigenfrequenz des ungedämpften harmonischen Oszillators an. Eine Eigenfrequenz von Null liefert die aus dem Drude-Modell bekannte Differentialgleichung (4.1). Die Lösung dieser Bewegungsgleichung ergibt eine Lorentz-Kurve mit

$$\vec{r}(t) = -\frac{e}{m}\frac{1}{\omega_0^2 - \omega^2 - i\omega/\tau}\vec{E}(t). \tag{4.7}$$

4.1 Optische Eigenschaften von Metallen

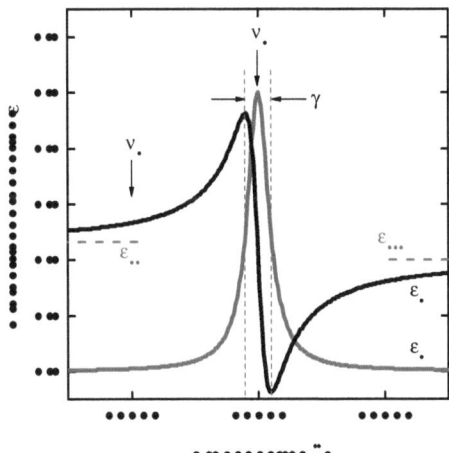

Abb. 4.3: Real- und Imaginärteil der dielektrischen Funktion mit einem Lorentz-Oszillator mit $\nu_0 = 20\,000\,\text{cm}^{-1}$, $\nu_p = 10\,000\,\text{cm}^{-1}$ und $\gamma = 2000\,\text{cm}^{-1}$.

Über den Zusammenhang mit der Polarisierbarkeit ergibt sich die komplexe dielektrische Funktion $\varepsilon(\omega) = \varepsilon_1(\omega) + i\varepsilon_2(\omega)$ zu

$$\varepsilon(\omega) = 1 + \frac{\omega_p^2}{(\omega_0^2 - \omega^2) - i\omega/\tau} \tag{4.8}$$
$$= 1 + \frac{\omega_p^2(\omega_0^2 - \omega^2)}{(\omega_0^2 - \omega^2)^2 + \omega^2/\tau^2} + i\frac{\omega_p^2\omega/\tau}{(\omega_0^2 - \omega^2)^2 + \omega^2/\tau^2}.$$

Wie auch im Drude-Modell entspricht die Eins der dielektrischen Konstante des Vakuums $\varepsilon_{\text{vac}} = 1$. Hier wird der eigentliche Lorentz-Term hinzuaddiert.

Für die komplexe optische Leitfähigkeit $\sigma(\omega) = \sigma_1(\omega) + i\sigma_2(\omega)$ erhält man analog zum Drude-Modell

$$\sigma(\omega) = \frac{\omega\omega_p^2\varepsilon_0}{i(\omega_0^2 - \omega^2) + \omega/\tau} \tag{4.9}$$
$$= \frac{\varepsilon_0\omega_p^2\omega/\tau}{(\omega_0^2 - \omega^2)^2 + \omega^2/\tau^2} + i\frac{\varepsilon_0\omega_p^2\omega(\omega_0^2 - \omega^2)}{(\omega_0^2 - \omega^2)^2 + \omega^2/\tau^2}.$$

Abbildung 4.3 zeigt Real- und Imaginärteil der dielektrischen Funktion für einen Dipol-Oszillator nach Gl. (4.8) mit $\nu_0 = 20\,000\,\text{cm}^{-1}$, $\nu_p = 10\,000\,\text{cm}^{-1}$ und $\gamma = 2000\,\text{cm}^{-1}$. Dabei geht jeder Oszillator mit einer Erniedrigung des Realteils der dielektrischen Funktion einher, was durch die

4 Optische Eigenschaften metallischer Nanostrukturen

gestrichelten Linien für $\varepsilon_{st} = 1{,}2$ und $\varepsilon_{vac} = 1$ verdeutlicht wird. ε_{st} beinhaltet die dielektrische Antwort auf statische elektrische Felder.

Der Erfolg dieses Modells besteht darin, dass Anregungen einerseits durch Interbandübergänge, andererseits durch Plasmonen, Phononen etc. berücksichtigt werden können. Durch die Kombination mit dem Drude-Modell lassen sich reale Spektren einer Vielzahl von Materialien beschreiben, wobei der Drude-Anteil das metallische Verhalten und die Kombination verschiedener Lorentz-Terme das optische Verhalten von Anregungen charakterisieren. Die dielektrische Funktion ergibt sich somit additiv aus dem Drude-Term und einer Kombination von Lorentz-Termen, wobei zu beachten ist, dass die Eins der dielektrischen Konstante des Vakuums nicht mehrfach auftaucht:

$$\varepsilon(\omega) = 1 - \frac{\omega_p^2}{\omega^2 + i\omega/\tau} + \sum_j \frac{\omega_{pj}^2}{(\omega_{0j}^2 - \omega^2) - i\omega/\tau_j}. \tag{4.10}$$

Wie in Abbildung 4.3 zu erkennen ist, weist die dielektrische Funktion bei Frequenzen deutlich unterhalb der Resonanzfrequenz (ε_{st} in Abb. 4.3) einen höheren Wert auf als deutlich oberhalb der Resonanzfrequenz (ε_{vac} in Abb. 4.3). Da sich der Einfluss eines Oszillators auf ε_1 über einen großen spektralen Bereich erstreckt, müssen ggf. auch Oszillatoren außerhalb des betrachteten Spektralbereiches berücksichtigt werden. Daher wird die dielektrische Konstante des Vakuum $\varepsilon_{vac} = 1$ durch eine neue dielektrische Konstante $\varepsilon_\infty \geq 1$ ersetzt, welche zusätzlich die Anregungen außerhalb des betrachteten Bereiches enthält. Für die korrekte Gleichung der dielektrischen Funktion muss also in Gl. (4.10) die Eins durch ε_∞ ersetzt werden. Demnach gilt für die Addition von Drude- und Lorentz-Termen:

$$\varepsilon(\omega) = \varepsilon_\infty - \frac{\omega_p^2}{\omega^2 + i\omega/\tau} + \sum_j \frac{\omega_{pj}^2}{(\omega_{0j}^2 - \omega^2) - i\omega/\tau_j}. \tag{4.11}$$

4.2 Plasmonen

Zahlreiche physikalische Phänomene hängen mit kollektiven Anregungen von Elektronen zusammen. So können in Bulk-Metallen, an Metallgrenzflächen oder in Partikeln kollektive Ladungsdichteoszillationen auftreten [111, 114, 115]. Je nach Art spricht man daher von Volumenplasmonen, Oberflächenplasmonen oder Partikelplasmonen.

Als *Volumenplasmonen* werden longitudinale Ladungsdichtefluktuationen mit der Plasmafrequenz ω_p im Elektronengas von z. B. Metallen bezeichnet. Aufgrund der transversalen Wellennatur des Lichts lassen sich die longitudinalen Plasmonenschwingungen nicht direkt anregen. Zur

4.2 Plasmonen

Untersuchung von Volumenplasmonen wird daher häufig die Elektronenenergieverlustspektroskopie (EELS) verwendet, womit Informationen über diverse Eigenschaften von Plasmonen wie Energie, Dämpfung oder Dispersionsrelation zugänglich gemacht werden können.

Die Eigenschaften von *Partikelplasmonen* wurden in der Literatur [78] sowie in der Arbeit von Hövel [63] ausführlich diskutiert. Im Gegensatz zu Bulk-Metallen zeigen Edelmetallnanopartikel in Abhängigkeit von Größe und Einbettmedium eine intensive Färbung. Die Ursache für diese intensive Farbe ist eine kollektive Oszillation der Leitungselektronen innerhalb der Partikel, was zu einem Absorptionsmaximum führt. Durch das elektrische Wechselfeld einer elektromagnetischen Welle werden die Leitungselektronen periodisch ausgelenkt. Dies führt zu einer Ladungstrennung an der Partikeloberfläche. Die Coulomb-Anziehung zwischen den entgegengesetzten Ladungen führt letztlich zu einer harmonischen Schwingung. Dies verursacht die vom Volumen abweichenden optischen Eigenschaften von Nanopartikeln.

Sind die Partikel hinreichend klein im Vergleich zur Wellenlänge der eintreffenden elektromagnetischen Strahlung, so kann ein jedes Partikel in elektrostatischer Näherung als schwingender Dipol angesehen werden.

Da in dieser Arbeit *Oberflächenplasmonen* die entscheidende Rolle spielen, soll im Folgenden der Schwerpunkt auf die Diskussion dieser dritten Plasmonenart gelegt werden.

4.2.1 Oberflächenplasmonen

Als Oberflächenplasmonen (engl. Surface Plasmons, SP) [11, 115] werden kollektive Schwingungen von Elektronen in der Ebene einer Festkörperoberfläche bezeichnet. Die periodische Verschiebung der Ladungen führt zu einer Ladungsdichtemodulation und damit zu einem elektromagnetischen Feld (siehe Abb 4.4 (a)). Dieses weist sowohl Komponenten parallel als auch senkrecht zur Metalloberfläche auf. Das elektrische Feld wird beschrieben durch

$$E = E_0 e^{i(k_x x \pm k_z z - \omega t)}, \quad (4.12)$$

mit + für $z \geq 0$ und − für $z \leq 0$. Der Imaginärteil des Wellenvektors k_z verursacht den exponentiellen Abfall des E-Feldes in z-Richtung. Dieser evaneszente Charakter des E-Feldes ist in Abbildung 4.4 (b) dargestellt.

Ausgehend von den Maxwell-Gleichungen (siehe Kap. 2.1) erhält man die Dispersionsrelation

4 Optische Eigenschaften metallischer Nanostrukturen

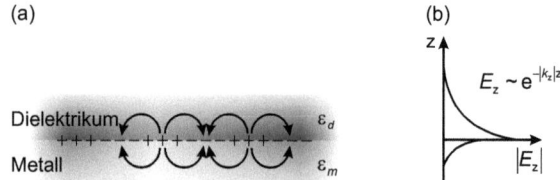

Abb. 4.4: In Abbildung (a) sind die Ladungen sowie das elektromagnetische Feld von Oberflächenplasmonen schematisch dargestellt. Abbildung (b) zeigt den exponentiellen Abfall des E-Feldes in z-Richtung. Nach Ref. [111].

[118] für die Ausbreitung des Oberflächenplasmons in x-Richtung an der Grenzfläche zwischen Metall (ε_m) und Dielektrikum (ε_d):

$$k_{sp} = \frac{\omega}{c}\sqrt{\frac{\varepsilon_m \varepsilon_d}{\varepsilon_m + \varepsilon_d}}. \tag{4.13}$$

Da die dielektrische Funktion des Metalls $\varepsilon_m(\omega) = \varepsilon_{1m}(\omega) + i\varepsilon_{2m}(\omega)$ komplex ist, ist auch der Wellenvektor des Oberflächenplasmons komplex. Mit der Annahme, dass sowohl die Frequenz ω als auch die dielektrische Funktion des Dielektrikums ε_d real sind, erhält man, unter der Voraussetzung dass $\varepsilon_{2m} < |\varepsilon_{1m}|$, den komplexen Wellenvektor $k_{sp} = k'_{sp} + ik''_{sp}$ in x-Richtung:

$$k'_{sp} = \frac{\omega}{c}\left(\frac{\varepsilon_{1m}\varepsilon_d}{\varepsilon_{1m} + \varepsilon_d}\right)^{1/2}, \tag{4.14}$$

$$k''_{sp} = \frac{\omega}{c}\left(\frac{\varepsilon_{1m}\varepsilon_d}{\varepsilon_{1m} + \varepsilon_d}\right)^{3/2}\frac{\varepsilon_{2m}}{2\varepsilon_{1m}^2}. \tag{4.15}$$

Dabei muss für reale k'_{sp} die Bedingung $\varepsilon_{1m} < 0$ und $|\varepsilon_{1m}| > \varepsilon_d$ erfüllt sein, wie es z. B. bei Metallen der Fall ist. Um den komplexen Wellenvektor zu erhalten, ist daher die genaue Kenntnis der komplexen dielektrischen Funktion $\varepsilon(\omega) = \varepsilon_1(\omega) + i\varepsilon_2(\omega)$ unabdingbar. Der Imaginärteil des Wellenvektors k''_{sp} hängt direkt mit der Ausbreitungslänge L_{sp} des Oberflächenplasmons über $L_{sp} = 1/(2k''_{sp})$ zusammen.

In Abbildung 4.5 (a) ist die Dispersionsrelation für ein Oberflächenplasmon an der Metall-Dielektrikum-Grenzfläche dargestellt. Die maximal erreichbare Plasmonenfrequenz ist durch $\omega_{sp} = \omega_p/\sqrt{1+\varepsilon_d}$ gegeben. Im gesamten Spektralbereich liegt die Dispersionsrelation des Plasmons unterhalb der des Photons, der sog. Lichtgeraden $\omega = kc/\sin\theta$, und nähert sich ihr lediglich für kleine k an. Man spricht daher von einer nicht-strahlenden Plasmon-Mode. Dies heißt, dass diese Mode nicht durch Lichteinstrahlung angeregt werden kann. Um diese

4.2 Plasmonen

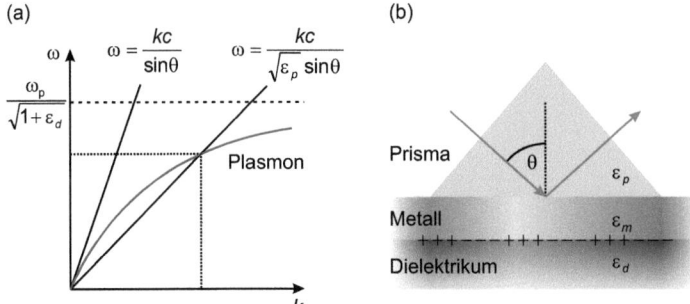

Abb. 4.5: In Abbildung (a) ist die Dispersion für ein Oberflächenplasmon dargestellt. Die Lichtgerade $\omega = kc/\sin\theta$ liegt im gesamten Bereich links von der Plasmonendispersion. Erst durch Verwendung eines Prismas, z. B. in der Kretschmann-Konfiguration [79] (Abb. (b)), wird der Wellenvektor $k = 2\pi/\lambda$ des Photons an den des Oberflächenplasmons angeglichen, d. h. die Lichtgerade $\omega = kc/(\sqrt{\varepsilon_p}\sin\theta)$ schneidet die Plasmonendispersion, wodurch die Anregung eines Oberflächenplasmons möglich ist. Die maximale Frequenz des Oberfächenplasmons ist durch $\omega_p/\sqrt{1+\varepsilon_d}$ gegeben.

Plasmonen optisch ankoppeln zu können, muss daher der Wellenvektor des Photons $k = 2\pi/\lambda$ dem des Plasmons angepasst werden. Zu beachten ist, dass Oberflächenplasmonen ausschließlich durch parallel zur Einfallsebene polarisiertes Licht (p-Polarisation) angeregt werden können.

4.2.1.1 Anregung von Oberflächenplasmonen

Eine Möglichkeit zur Angleichung der Wellenvektoren des Photons und des Plasmons besteht in der Verwendung eines Prismas. Bei der in Abbildung 4.5 (b) dargestellten Kretschmann-Konfiguration [79] wird das einfallende Licht an der Prisma-Metall-Grenzfläche totalreflektiert und das evaneszente Feld kann an die Oberflächenplasmonen an der zweiten Grenzfläche des Metallfilms koppeln. Diese Anordnung ist daher nur für die Anregung von Oberflächenplasmonen in dünnen Metallfilmen geeignet[1]. Hierbei wird das anregende Licht durch ein hochbrechendes Prisma auf den Metallfilm geschickt, wodurch eine Verkippung der Dispersionsrelation des Photons gegenüber der des Oberflächenplasmons an der Metall-Dielektrikum-Grenzfläche erfolgt. Die Lichtgerade $\omega = kc/(\sqrt{\varepsilon_p}\sin\theta)$ schneidet nun die Plasmonendispersion, wodurch eine optische Ankopplung an das Oberflächenplasmon erzielt werden kann.

---

[1] Eine Alternative dazu stellt die Otto-Konfiguration dar, bei der Prisma und Metalloberfläche durch einen schmalen Luftspalt getrennt sind. Die Anregung der Oberflächenplasmonen erfolgt an der Luft-Metall-Grenzfläche. Daher hängt die Effizienz der Plasmonenanregung ausschließlich von der Spaltbreite ab [111].

4 Optische Eigenschaften metallischer Nanostrukturen

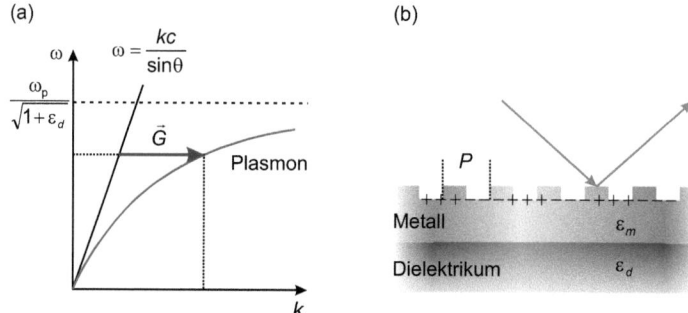

Abb. 4.6: Bei der Gitterkopplung wird ein zusätzlicher Impuls $|\vec{G}| = 2\pi/P$ durch Beugung an der Gitterstruktur mit der Periode P an der Metalloberfläche geliefert (Abb. (b)). Dies ermöglicht die optische Anregung von Oberflächenplasmonen an der Metall-Luft-Grenzfläche (Abb. (a)).

Eine andere Möglichkeit stellt die Verwendung einer periodischen Überstruktur auf dem Metallfilm dar (siehe Abb. 4.6 (b)). Dabei wird durch die Beugung des einfallenden Lichts an der Struktur mit der Periode P ein zusätzlicher Impuls $|\vec{G}| = 2\pi/P$ bereitgestellt, wodurch die Anregung eines Oberflächenplasmons ermöglicht wird (siehe Abb. 4.6 (a)). Für den Gesamtwellenvektor der Oberflächenplasmonen $\vec{k}_{sp}$ ergibt sich daher die folgende Bedingung:

$$\vec{k}_{sp} = \vec{k}_x \pm m\vec{G} \qquad (4.16)$$

mit $\vec{k}_x = k_0 \sin\theta$ als der Komponente des einfallenden Lichts parallel zur Metalloberfläche, $k_0 = \omega/c$ und m als natürlicher Zahl. Dabei werden gleichzeitig Oberflächenplasmonen in Richtung $+x$ und $-x$ angeregt.

Eine anschauliche Beschreibung dafür liefert die „Näherung des leeren Gitters" (engl. Empty Lattice Approximation). Dabei wird die periodische Modulation der Oberfläche als eine Faltung der Dispersionsrelation der Oberflächenplasmonen interpretiert. Zunächst wird die Dispersionsrelation der Oberflächenplasmonen einer homogenen Grenzfläche, unter Verwendung der effektiven optischen Konstanten der betreffenden Schichten, berechnet. Durch Einführen der Zonengrenzen bei $\pm\pi/P$ und Faltung der Dispersionsrelation in die erste Brillouin-Zone erhält man in guter Näherung die Dispersionsrelation für die Anregung von Oberflächenplasmonen aufgrund einer Überstruktur. Wie in Abbildung 4.7 zu erkennen ist, kommt die ursprünglich nicht-strahlende Plasmon-Mode aufgrund der Faltung oberhalb der Lichtgeraden $\omega = kc/\sin\theta$ zu liegen.

4.2 Plasmonen

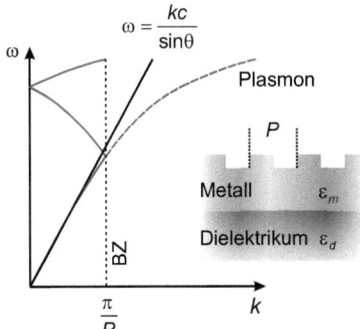

Abb. 4.7: Schematische Darstellung der „Näherung des leeren Gitters". Aufgrund der periodischen Überstruktur wird die Plasmon-Mode in die erste Brillouin-Zone (BZ) gefaltet. Dadurch kommt die ursprünglich nicht-strahlende Plasmon-Mode aufgrund der Faltung oberhalb der Lichtgeraden $\omega = kc/\sin\theta$ zu liegen.

Führt man anstatt einer einfachen Riffelung in x-Richtung eine zweidimensionale Überstruktur ein, wie es in dieser Arbeit aufgrund der Verwendung eines periodischen Gitters der Fall ist, so muss man zusätzlich die Anregung von Plasmonen in y-Richtung berücksichtigen. Als Bedingung für den Wellenvektor der Oberflächenplasmonen $\vec{k}_{\text{sp}}$ ergibt sich analog zu Gl. (4.16)

$$\vec{k}_{\text{sp}} = \vec{k}_{\text{x}} \pm m\vec{G}_{\text{x}} \pm n\vec{G}_{\text{y}} \tag{4.17}$$

mit den natürlichen Zahlen m und n.

4.2.1.2 Oberflächenplasmonen in dünnen Metallfilmen

Sämtliche Betrachtungen beziehen sich bisher auf dicke Metallfilme, bei denen zwar theoretisch Plasmon-Moden an beiden Grenzflächen auftreten können, welche sich allerdings nicht gegenseitig beeinflussen. Anders ist es bei dünnen Metallfilmen. Abhängig von der Filmdicke kommt es hier zu einer Kopplung der Plasmon-Moden beider Grenzflächen und damit zu einer schichtdickenabhängigen Dispersionsrelation [20, 111, 150].
Ist der Metallfilm dünn genug, überlappen die Felder der Plasmon-Moden auf Ober- und Unterseite des Films. Daher muss in der Bedingung für die Anregbarkeit von Plasmonen die Filmdicke

4 Optische Eigenschaften metallischer Nanostrukturen

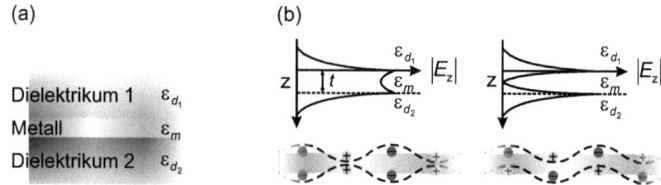

Abb. 4.8: Abbildung (a) zeigt eine schematische Darstellung eines dünnen Metallfilms zwischen zwei Dielektrika. Hierbei muss zwischen $\varepsilon_{d_1} = \varepsilon_{d_2}$ und $\varepsilon_{d_1} \neq \varepsilon_{d_2}$ unterschieden werden. Die Feldverteilung der im Fall $\varepsilon_{d_1} = \varepsilon_{d_2}$ möglichen auftretenden Moden ist in Abbildung (b) dargestellt. Dabei ist die Ladungsverteilung entweder symmetrisch (links) oder antisymmetrisch (rechts) [102, 150].

t berücksichtigt werden. Ausgehend von den Maxwell-Gleichungen und unter Berücksichtigung sämtlicher Randbedingungen gelangt man zu folgender Bedingung:

$$\tanh(S_2 t) = -\frac{\varepsilon_m S_2 \left(\varepsilon_{d_1} S_3 + \varepsilon_{d_2} S_1\right)}{\varepsilon_{d_1} \varepsilon_{d_2} S_2^2 + \varepsilon_m^2 S_1 S_3}. \tag{4.18}$$

Die Werte S_1, S_2 und S_3 sind durch die Beziehungen

$$S_1^2 = k_x^2 - \varepsilon_{d_1} k_0^2, \quad S_2^2 = k_x^2 - \varepsilon_m k_0^2 \quad \text{und} \quad S_3^2 = k_x^2 - \varepsilon_{d_2} k_0^2$$

definiert, wobei ε_{d_1} und ε_{d_2} die dielektrischen Funktionen der Dielektrika auf Ober- bzw. Unterseite des Metalls bezeichnen. Dabei muss zwischen einer symmetrischen ($\varepsilon_{d_1} = \varepsilon_{d_2} = \varepsilon_d$) und einer asymmetrischen ($\varepsilon_{d_1} \neq \varepsilon_{d_2}$) Umgebung des Metallfilms unterschieden werden.

Im ersten Fall einer *symmetrischen Umgebung* spaltet sich Gl. (4.18) auf in

$$\tanh\left(\frac{S_2 t}{2}\right) = -\frac{\varepsilon_d S_2}{\varepsilon_m S_1} \quad \text{und} \quad \tanh\left(\frac{S_2 t}{2}\right) = -\frac{\varepsilon_m S_1}{\varepsilon_d S_2}. \tag{4.19}$$

Bei dünnen Schichten, wie in Abbildung 4.8 (a) skizziert, sind die Felder der einzelnen Plasmon-Moden nicht mehr an den Grenzflächen lokalisiert sondern erstrecken sich vielmehr über die gesamte Metallschicht. Aufgrund der daraus resultierenden starken Kopplung kommt es zu einer Aufspaltung in eine langreichweitige Mode (Long-Range Surface Plasmon, LRSP) und eine stark gedämpfte, kurzreichweitige Mode (Short-Range Surface Plasmon, SRSP) [35]. Die dazu gehörenden symmetrischen und antisymmetrischen Ladungsverteilungen sind in Abbildung 4.8 (b)

4.2 Plasmonen

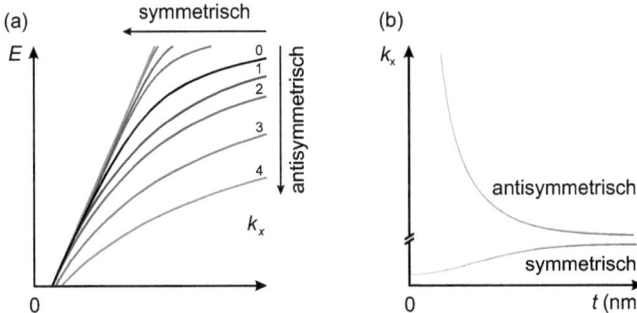

Abb. 4.9: Abbildung (a) zeigt die Abhängigkeit der Plasmondispersionsrelation von der Dicke des Metalls für eine symmetrische Umgebung. Dargestellt sind die Dispersionsrelationen für einen metallischen Halbraum (0) sowie für Metallfilme der Dicke 30 nm (1), 20 nm (2), 10 nm (3) und 5 nm (4). Dabei liegen die symmetrischen Moden energetisch oberhalb der Dispersionsrelation für den metallischen Halbraum, die antisymmetrischen Moden liegen unterhalb. In Abbildung (b) ist der Verlauf des Wellenvektors k_x in Abhängigkeit von der Schichtdicke t bei konstanter Energie dargestellt. Nach Ref. [20].

zusammen mit der Feldverteilung der entsprechenden Moden schematisch dargestellt[2]. Die Stärke der Aufspaltung der Plasmon-Moden hängt dabei von der Filmdicke ab. Abbildung 4.9 (a) zeigt die Plasmondispersionsrelation für verschiedene Schichtdicken von 5 nm (Kurve 4) bis 30 nm (Kurve 1). Mit Erhöhung der Schichtdicke rücken die symmetrischen und antisymmetrischen Moden energetisch immer weiter zusammen. Vergrößert man die Dicke der Metallfilme weiterhin ($t \to \infty$, $\tanh(S_2 t) \to 1$), so beschreiben die Lösungen der Gl. (4.19) zwei ungekoppelte Plasmon-Moden auf beiden Seiten der Metallschicht und man erhält die Dispersionsrelation für den metallischen Halbraum (Kurve 0). In Abbildung 4.9 (b) ist der Verlauf des auf k_0 normierten Wellenvektors k_x in Abhängigkeit von der Schichtdicke t bei konstanter Energie dargestellt. Die bei kleineren k_x-Werten liegende symmetrische Mode weist eine wesentlich geringere Änderung mit der Schichtdicke auf als die bei größeren k_x-Werten liegende antisymmetrische Mode.

Betrachtet man den zweiten Fall einer *asymmetrischen Umgebung*, so stellt man fest, dass sich jede Mode nochmals in zwei Zweige aufspaltet [120, 136]. In Abhängigkeit von den komplexen Werten $S_1 = S_1' + iS_1''$ und $S_3 = S_3' + iS_3''$ lassen sich die Lösungen für Gl. (4.18) anhand der Feldverteilung charakterisieren (siehe Abb. 4.10). Für S_1', $S_1'' > 0$ und S_3', $S_3'' > 0$ fallen die

---
[2] Symmetrische Mode (LRSP): An den gegenüberliegenden Grenzflächen befinden sich Ladungen mit gleichem Vorzeichen, die Feldverteilung ist symmetrisch bezüglich E_z und antisymmetrisch bezüglich E_x.
Antisymmetrische Mode (SRSP): Die Ladungen an den gegenüberliegenden Grenzflächen weisen unterschiedliche Vorzeichen auf, die Feldverteilung ist antisymmetrisch bezüglich E_z und symmetrisch bezüglich E_x.

4 Optische Eigenschaften metallischer Nanostrukturen

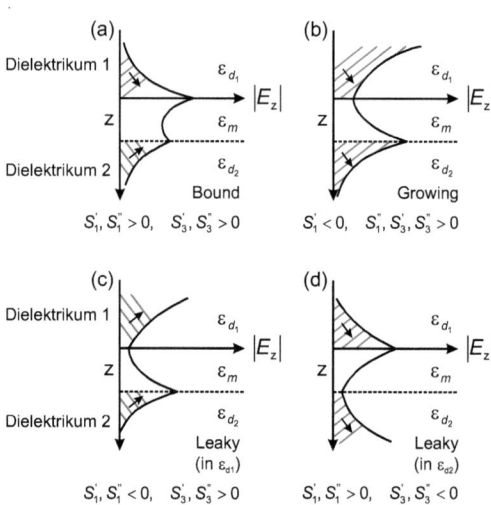

Abb. 4.10: Feldverteilungen für geführte Moden, growing Moden und Leckmoden für einen dünnen Metallfilm in einer asymmetrischen Umgebung ($\varepsilon_{d_1} > \varepsilon_{d_2}$). Die Pfeile zeigen den Energiefluss innerhalb der Dielektrika an. Nach [136].

Felder in den Dielektrika exponentiell mit zunehmendem Abstand von der Grenzfläche ab. Dies ist charakteristisch für eine geführte Mode, wie sie in Abbildung 4.10 (a) skizziert ist. Ist der Realteil von S_1 negativ ($S_1' < 0$ und $S_1'', S_3', S_3'' > 0$), ist die zugehörige Welle an der Grenzfläche Metall-Dielektrikum 2 lokalisiert. Wie in Abbildung 4.10 (b) gezeigt, nimmt die Feldstärke innerhalb des Metallfilms exponentiell zu, bevor sie im Dielektrikum 2 wieder exponentiell abnimmt. Die in den Abbildungen 4.10 (c) und (d) dargestellten Leckmoden sind Lösungen für den Fall $S_1', S_1''' < 0$ und $S_3', S_3''' > 0$ bzw. $S_1', S_1''' > 0$ und $S_3', S_3''' < 0$. Dies entspricht einer an der Grenzfläche Metall-Dielektrikum 2 (Dielektrikum 1-Metall im zweiten Fall) lokalisierten Welle, die in das Dielektrikum 1 (Dielektrikum 2) abstrahlt.

Vergrößert man die Schichtdicke, so erhält man ungekoppelte Plasmon-Moden für die obere und untere Grenzfläche, jeweils in Abhängigkeit der entsprechenden Dielektrika ε_{d_1} und ε_{d_2} (siehe Gl. (4.13)).

5 Stand der Forschung

Die außergewöhnlichen optischen Eigenschaften metallischer Nanopartikel sind seit fast zwei Jahrtausenden bekannt. So wurden bereits im vierten Jahrhundert n. Chr. Metallnanopartikel zur Färbung von Gläsern verwendet. Der zugrunde liegende Mechanismus wurde allerdings erst im Jahr 1904 durch James Clerk Maxwell Garnett [42, 43] beschrieben. Die gezielte Forschung an metallischen Nanostrukturen begann dann nochmals einige Jahrzehnte später.

Ein neues Kapitel in der Wechselwirkung von Licht mit Materie wurde durch die moderne Nanotechnologie eröffnet. Im Zuge dessen stieg auch das Interesse an der Streuung und Beugung an Nanostrukturen.

5.1 Transmission durch Subwavelength Hole Arrays in dicken Filmen

5.1.1 Erhöhte Transmission durch Oberflächenplasmonen

Einen Durchbruch erzielten Ebbesen et al. [34] im Jahr 1998 mit einer Veröffentlichung in der Zeitschrift Nature über die außerordentliche optische Transmission (engl. Extraordinary Optical Transmission, EOT) durch sogenannte Subwavelength Hole Arrays (SWHAs). Als Subwavelength Hole Arrays werden Metallfilme bezeichnet, die ein periodisch angeordnetes Lochmuster aufweisen, wobei der Lochdurchmesser im gesamten betrachteten Spektralbereich kleiner ist als die Wellenlänge des eingestrahlten Lichts. Die entscheidende Beobachtung besteht darin, dass die Transmission durch dieses Lochmuster in einer sonst undurchsichtigen Metallschicht um ein Vielfaches höher ist, als aufgrund von theoretischen Vorhersagen erwartet. Die klassische Beugungstheorie sagt voraus, dass die Transmission durch ein einzelnes Loch, welches kleiner als die Wellenlänge λ ist, in einem unendlich dünnen, unendlich leitfähigen Film mit λ^{-4} abnimmt [15]. Wenn Licht einer bestimmten Wellenlänge auf ein solches Loch fällt, wird das Licht isotrop in alle Richtungen gestreut und im Fernfeld ist lediglich eine minimale Transmission detektierbar.

5 Stand der Forschung

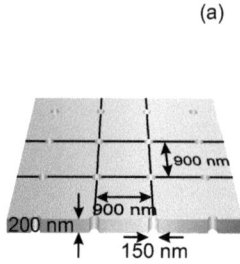
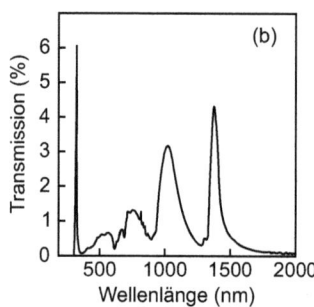

Abb. 5.1: Abbildung (a) zeigt schematisch ein Subwavelength Hole Array in einem optisch dicken Silberfilm. Die Löcher bedecken in diesem Fall 2,2 % der Filmoberfläche. In Abbildung (b) ist das zugehörige Transmissionsspektrum unter senkrechtem Einfall dargestellt. Nach Ref. [34]. Das Transmissionsmaximum von 4,4 % bei $\lambda = 1370$ nm liefert eine Transmissionseffizienz von zwei. Die Minima lassen sich Woodschen Anomalien zuordnen [147].

Ebbesen et al. konnten zudem zeigen, dass durch ein SWHA deutlich mehr Licht transmittiert wird, als aufgrund des Bedeckungsgrades der Löcher in rein geometrischer Optik zu erwarten wäre. Das in Abbildung 5.1 (a) schematisch dargestellte Lochmuster in einem optisch dicken Silberfilm zeigt eine maximale Transmission von 4,4 % bei einer Wellenlänge von 1370 nm (siehe Abb. 5.1 (b)). Damit ist der Anteil des transmittierten Lichts doppelt so groß wie der Anteil der durch die Löcher bedeckten Fläche, was einer Transmissionseffizient von zwei entspricht. Eine weit verbreitete Erklärung für dieses Phänomen liefert das *SP-Modell* über die Anregung von Oberflächenplasmonen. Bereits im Jahr 1977 konnten Nevière et al. [95, 100] zeigen, dass zahlreiche Gittereffekte mit der Anregung von Oberflächenplasmonen zusammenhängen. Die Bedeutung dieses Themas spiegelt sich in einer nur ein Jahrzehnt später veröffentlichten ausführlichen Abhandlung über Oberflächenplasmonen [111] wider. Insofern ist es nicht verwunderlich, dass auch im Fall der erhöhten Transmission die Ursache dieses Phänomens in der Anregung von Oberflächenplasmonen gesucht wurde. Zudem wurde diese Erklärung in einigen nachfolgenden, vorwiegend theoretischen Publikationen bestätigt [9, 25, 80, 124].

Wie bereits in Kapitel 4.2.1 diskutiert wurde, führt die regelmäßige Struktur der Oberfläche zur Anregung von Oberflächenplasmonen. Aufgrund des stattfindenden Tunnelprozesses werden zusätzlich Oberflächenplasmonen auf der Unterseite des Metallfilms angeregt, wo sie wieder in Licht zerfallen können [94]. Dies impliziert, dass im Fall einer unsymmetrischen Umgebung, z. B. bei einer Anordnung aus Luft - Metall - Glas, zwei Sets von Oberflächenplasmonen mit leicht verschiedenen Resonanzenergien angeregt werden: einerseits Oberflächenplasmonen an der Luft-Metall-Grenzfläche und andererseits Oberflächenplasmonen an der Metall-Glas-Grenzfläche.

5.1 Transmission durch Subwavelength Hole Arrays in dicken Filmen

Dabei liefern die Transmissionsmessungen dasselbe Ergebnis, unabhängig davon, von welcher Seite die Oberflächenplasmonen angeregt werden [34, 49]. Dies ist ein Indiz dafür, dass die Plasmonen auf beiden Seiten der Metallschicht durch die Löcher stark miteinander koppeln. Während in frühen Veröffentlichungen (z. B. Ref. [34, 94]) davon ausgegangen wurde, dass lediglich die Periodizität für die Transmissionseigenschaften von Bedeutung ist[1], wurden im Jahr 2004 einige Untersuchungen bezüglich des Einflusses von Lochdurchmesser und Lochform durchgeführt. Van der Molen et al. [97] variierten in ihren Studien den Lochdurchmesser bei gleich bleibender Periodizität und konnten zeigen, dass eine Verkleinerung des Lochdurchmessers nicht nur zu einer Verminderung der Intensität sondern auch zu einer Blauverschiebung der Resonanzfrequenz führt. Diese Verschiebung der Resonanzfrequenz begründen van der Molen et al. mit der Anregung von Hohlleiter-Moden und der dabei auftretenden nicht-linearen Abhängigkeit der Cutoff-Frequenz von der Wellenlänge. Bei Reduzierung des Lochdurchmessers wirkt sich dies so aus, dass die Transmission bei höheren Frequenzen weniger stark abnimmt als bei tieferen. Dieser Effekt führt zu der beobachteten Blauverschiebung der Resonanzfrequenz bei Reduzierung des Lochdurchmessers. Bezüglich der Abhängigkeit von der Lochform sei zunächst eine Veröffentlichung von Klein Koerkamp et al. [73] erwähnt. Darin wurde bei gleich bleibender Periodizität die Lochform zwischen rund und rechteckig variiert, was einerseits eine Erhöhung der Transmission um eine Größenordnung bewirkt und andererseits eine Verschiebung der Resonanzfrequenz zu tieferen Frequenzen hervorruft. Die Ursache sowohl der Rotverschiebung als auch der enormen Erhöhung der Transmission durch ein Array rechteckiger Löcher bei gleichzeitiger Verkleinerung der Lochfläche ($A_{\text{circular}} = 28\,353\,\text{nm}^2$, $A_{\text{rectangular}} = 16\,875\,\text{nm}^2$) wird in der Ausbildung von lokalisierten Moden innerhalb der rechteckigen Löcher gesehen. Nahezu zeitgleich veröffentlichten Gordon et al. [54] ihre Ergebnisse über die Polarisationsabhängigkeit der Transmission durch ein Array elliptischer Löcher. Wird entlang der Nebenachse der elliptischen Löcher polarisiertes Licht eingestrahlt, so erscheint im Transmissionsspektrum ein deutlicher Resonanzpeak. Dieses Transmissionsmaximum verschwindet für eine Polarisation entlang der Hauptachse fast vollständig. Trägt man die Transmission an der Resonanzfrequenz in Abhängigkeit vom Polarisationswinkel auf, so erhält man eine Kosinusfunktion mit Maxima für eine Polarisation senkrecht zur Ellipsenhauptachse. Zu analogen Ergebnissen gelangten van der Molen et al. [98] ein Jahr später bei Untersuchungen an rechteckigen Löchern. Anhand der Variation des Seitenverhältnisses der rechteckigen Löcher bei gleich bleibender Periodizität und Lochfläche konnte gezeigt werden, dass Licht mit einer Eingangspolarisation senkrecht zur Hauptachse um Größenordnungen besser transmittiert wird als Licht mit einer Eingangspolari-

---

[1] Dieses Thema wurde im Jahr 2006 von Selcuk et al. [127] aufgegriffen. Ihre experimentellen und simulierten Ergebnisse legen den Schluss nahe, dass die Transmissionsmaxima und -minima unabhängig sowohl von der dielektrischen Funktion des Materials als auch von der Schichtdicke sind.

5 Stand der Forschung

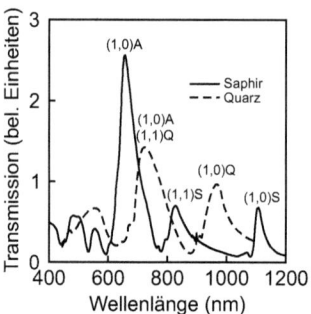

Abb. 5.2: Abhängigkeit des Transmissionsspektrums eines Hole Arrays mit $P = 600\,\text{nm}$ und $d = 150\,\text{nm}$ in einem 300 nm dicken Silberfilm vom Brechungsindex des Substrats. Als Substrat wurde neben Quarz ($n_\text{Q} = 1{,}5$) Saphir mit einem Brechungsindex $n_\text{S} = 1{,}8$ gewählt. Trotz einer relativ geringen Differenz von $\Delta n = 0{,}3$ zeigen sich im Transmissionsspektrum starke Unterschiede sowohl in der Intensität als auch in der Position der Resonanzpeaks. Nach Ref. [72].

sation parallel zu Hauptachse. Dabei wird mit zunehmendem Seitenverhältnis der Einfluss der in den rechteckigen Löchern lokalisierten Moden immer größer.

Ein weiterer wichtiger, die Resonanzfrequenz beeinflussender Parameter ist der Brechungsindex des Substrats. Die Abhängigkeit des Transmissionsspektrums von der Schichtdicke ist in Abbildung 5.2 am Beispiel eines Hole Arrays mit einer Periodizität von $P = 600\,\text{nm}$ und einem Lochdurchmesser von $d = 150\,\text{nm}$ in einem 300 nm dicken Silberfilm auf Quarz bzw. Saphir deutlich erkennbar. Trotz eines relativ geringen Brechungsindexunterschieds von $\Delta n = 0{,}3$ zeigen sich im Transmissionsspektrum starke Unterschiede sowohl in der Intensität als auch in der Position der Resonanzpeaks [72].

Als letzter Parameter sei die Schichtdicke betrachtet. Bisher beziehen sich sämtliche Untersuchungen auf Filme, deren Schichtdicken so groß sind, dass die Filme selbst optisch dick, d. h. opak sind. Für solche Hole Arrays in optisch dicken Silberfilmen konnten Degiron et al. [29] zeigen, dass mit Veränderung der Schichtdicke deutliche Unterschiede im Transmissionsspektrum auftreten. Dies ist in Abbildung 5.3 (a) für ein Hole Array mit $P = 600\,\text{nm}$ und $d = 300\,\text{nm}$ dargestellt. Wird die Schichtdicke von 200 nm auf 800 nm erhöht, so reduziert sich die Kopplung zwischen den Plasmonen auf beiden Seiten des Metallfilms. In sehr dicken Metallfilmen ab ca. 350 nm liegen die Plasmonen beider Seiten völlig ungekoppelt vor, und die Transmission nimmt exponentiell mit zunehmender Schichtdicke ab (siehe Abb. 5.3 (b)). Zudem weisen Simulationen für unterschiedlich dicke Metallfilme [22] darauf hin, dass mit einer Erhöhung der Schichtdicke von 100 nm auf 250 nm eine Blauverschiebung des Transmissionsmaximums einhergeht.

5.1 Transmission durch Subwavelength Hole Arrays in dicken Filmen

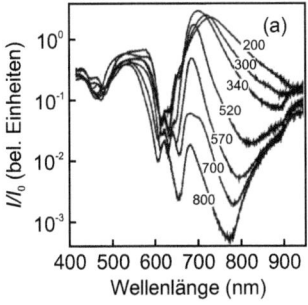
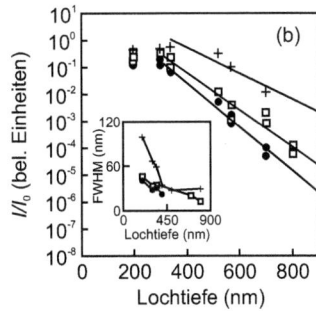

Abb. 5.3: In Abbildung (a) ist erkennbar, dass sich die Transmissionseigenschaften eines Hole Arrays mit $P = 600$ nm und $d = 300$ nm in einem Silberfilm mit der Schichtdicke deutlich ändern, obwohl sämtliche Schichten in diesem Beispiel optisch dicht sind. Abbildung (b) zeigt die Peakintensität als Funktion der Lochtiefe für verschiedene Arrays (+: $P = 600$ nm, $d = 300$ nm; □: $P = 600$ nm, $d = 240$ nm; •: $P = 500$ nm, $d = 200$ nm). Ab einer Schichtdicke von ca. 350 nm nimmt die Peakintensität exponentiell mit zunehmender Schichtdicke ab. Nach Ref. [29].

Die Minima in den Transmissionsspektren lassen sich Woodschen Anomalien zuordnen [147, 148]. Diese sind durch abrupte Intensitätsänderungen gekennzeichnet[2]. Generell lassen sich zwei Formen unterscheiden: Die eine Form tritt an den Rayleigh-Wellenlängen auf und entsteht, wenn beim Durchfahren des Spektrums in einer bestimmten Ordnung Beugungswinkel von 90° erreicht werden. In diesem Fall verläuft der Strahlengang des gebeugten Lichts parallel zur Gitteroberfläche [112]. Die spektrale Energie, die in dieser Ordnung enthalten ist, fehlt dadurch an dieser Stelle in der Transmission. Die zweite Form ist mit einem Resonanzeffekt verknüpft, bei dem nicht-homogene Beugungsordnungen und Eigenmoden des Gitters koppeln. Obwohl beide Formen einzeln und unabhängig von einander vorkommen können, treten sie in den meisten optischen Gittern gleichzeitig auf [37, 60, 121]. Transmissionsspektren von Gittern sind somit durch eine Überlagerung beider Phänomene, nämlich der Woodschen Anomalie und der Anregung von Oberflächenplasmonen, charakterisiert.

Bei Betrachtung sämtlicher Transmissionsspektren fällt auf, dass die Transmissionspeaks nicht einfach durch Lorentz-Kurven beschrieben werden können, sondern ein asymmetrisches Profil aufweisen. Einen Grund für diese Asymmetrie liefert die Überlagerung eines diskreten Zustandes mit einem Kontinuum. Diese Situation wurde von Fano [39] intensiv untersucht. Die Streuung von einem Eingangszustand kann entweder über ein Kontinuum von Zuständen (gestreute

---

[2] Der Begriff Anomalie wurde gewählt, da diese abrupten Intensitätsänderungen nicht durch die gewöhnliche Beugungstheorie erklärt werden konnten.

5 Stand der Forschung

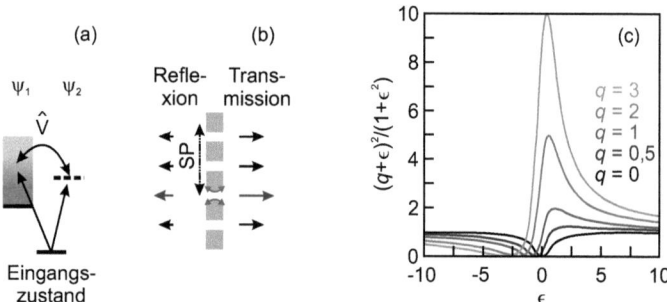

Abb. 5.4: Abbildung (a) verdeutlicht das Fano-Modell der Kopplung zwischen Kontinuum und diskreten Zuständen. In Abbildung (b) ist der Streuprozess direkt durch ein Hole Array sowie durch Anregung von Oberflächenplasmonen schematisch dargestellt. Nach Ref. [46]. Abbildung (c) zeigt den Einfluss des Faktors q auf die Peakform. Hierbei ist $\epsilon = 2(E - E_0)/\Gamma$ die reduzierte Energie. Für $q = 0$ resultiert die Fano-Resonanz in einem (negativen) Lorentz-Peak. Nach Ref. [39].

Zustände) oder über einen diskreten, quasigebundenen Zustand, welcher dann mit den gestreuten Zuständen koppelt, erfolgen. Formal lässt sich dies über einen offenen Kanal ψ_1, welcher sich auf das Kontinuum von Zuständen bezieht, und über einen geschlossenen Kanal ψ_2 für den resonanten Zustand beschreiben (siehe Abb. 5.4 (a)). Der Übergang aus dem Eingangszustand in den offenen Kanal ψ_1 wird als direkt oder nicht-resonant bezeichnet. Der Pfad über ψ_2 dagegen ist dadurch gekennzeichnet, dass vor der Streuung ein quasigebundener Zustand durchlaufen wird. Die Übergangsamplituden beider Pfade interferieren und liefern somit die absolute Übergangswahrscheinlichkeit. Diese Interferenz führt zu den typischen asymmetrischen, als Fano-Resonanz bekannten Peakprofilen.

Angewendet auf ein Subwavelength Hole Array bedeutet das: Der erste Pfad ist nicht-resonant und somit mit der direkten Streuung des Feldes durch die Löcher verknüpft. Er entspricht der klassischen Betrachtung der Transmission durch winzige Löcher. Der zweite Pfad beschreibt die resonanten Beiträge und steht somit für die Anregung von diskreten Oberflächenplasmonen an den Grenzflächen (siehe Abb. 5.4 (b)).

Die Stärke der Asymmetrie wird durch den dimensionslosen Parameter q bestimmt (siehe Abb. 5.4 (c)). Er hängt sowohl vom Verhältnis δ der resonanten Übergangsamplitude zur direkten Übergangsamplitude (Hintergrund) als auch von der Linienbreite Γ ab: $q = 2\delta/\Gamma$. Das charakteristische Minimum an der Position $\epsilon = -q$ zeigt eine destruktive Interferenz zwischen beiden Kanälen an und kann als Begleiterscheinung der Woodschen Anomalie interpretiert werden. Subwavelength Hole Arrays in optisch dicken Metallfilmen weisen eine relativ kleine Linienbreite aufgrund der geringen Kopplung in das Kontinuum und damit eine deutliche

5.1 Transmission durch Subwavelength Hole Arrays in dicken Filmen

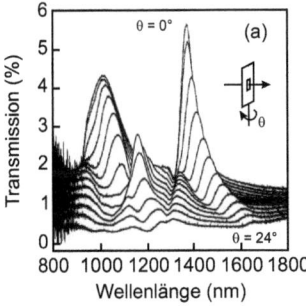
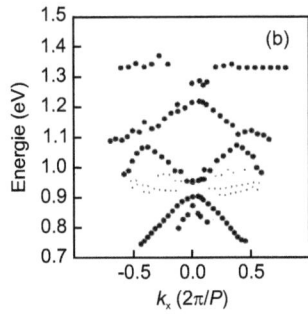

Abb. 5.5: Abbildung (a) zeigt die starke Abhängigkeit der Transmission vom Einfallswinkel θ. Mit zunehmendem Einfallswinkel kommt es zu einer Aufspaltung der Maxima sowie zu einer Verschiebung in unterschiedliche Richtungen. Trägt man für jedes Maximum die Energie gegen den zugehörigen Wellenvektor auf, so erhält man die in Abbildung (b) dargestellte Dispersionsrelation. Nach Ref [34].

Asymmetrie in der Peakform auf. Genet et al. [46] demonstrierten diese Abhängigkeit von der Schichtdicke, indem sie in ihrem Experiment die Schichtdicke von 200 nm auf 100 nm reduzierten. Dies führt zu einer deutlichen Verringerung der Asymmetrie, d. h. für Subwavelength Hole Arrays in dünnen Metallfilmen nähert sich q dem Wert Null an.

Ein weiterer Effekt dieses Lochmusters ist die Abhängigkeit der Transmissionsspektren vom Einfallswinkel, wie sie in Abbildung 5.5 (a) zu erkennen ist. In Abbildung 5.5 (b) ist die zu jedem Transmissionsmaximum gehörende Energie in Abhängigkeit vom dazugehörenden Wellenvektor dargestellt. Dies liefert die Dispersionsrelation. Diese Abhängigkeit vom Wellenvektor hängt mit der nicht-lokalen Natur der Oberflächenplasmonen zusammen: Die Wellen breiten sich mit nahezu Lichtgeschwindigkeit über eine Distanz von mehreren Wellenlängen entlang der Metall-Dielektrikum-Grenzfläche aus [3].

Die Abhängigkeit der Resonanzpeaks vom Einfallswinkel bei der Beugung an Gittern kann lediglich für p-polarisiertes einfallendes Licht beobachtet werden. Im Gegensatz dazu ist im Fall für s-polarisiertes Licht nur eine marginale Verschiebung der Resonanzpeaks zu beobachten [12, 19, 141]. Dies ist typisch für die Anregung von Oberflächenplasmonen. Anhand von Polarisationsanalysen von propagierenden Oberflächenplasmonen konnten Altewischer et al. [4] zeigen, dass senkrecht ($\theta = 0$) auf ein Subwavelength Hole Array einfallendes Licht keine Änderung des Polarisationszustandes erfährt. Unter diesen Bedingungen verhält sich das Array vollkommen isotrop, da die quadratische Symmetrie lediglich die Anregung frequenzentarteter Oberflächenplasmonen erlaubt, welche einen definierten Polarisationszustand aufweisen. Die Summe dieser Polarisationszustände ist wieder gleich der Eingangspolarisation. So sind z. B.

5 Stand der Forschung

die Moden $(\pm N, 0)$ in x-Richtung und die zugehörigen frequenzentarteten Moden $(0, \pm N)$ in y-Richtung polarisiert. Für ein rechteckiges Array oder für schrägen Einfall ($\theta \neq 0$) auf ein quadratisches Array wird die Entartung aufgehoben und das Array erscheint anisotrop. Bei Betrachtung des Fernfeldes des zur $(\pm 1, \pm 1)$-Mode gehörenden Transmissionsmaximums ist erkennbar, dass für Einfallswinkel größer 0°, abhängig von der Eingangspolarisation, verschiedene Richtungen stärker angeregt werden als andere. So rufen Eingangspolarisationen von 0° und 90° eine Anregung entlang beider Diagonalen des quadratischen Hole Arrays hervor, während bei einer Eingangspolarisation von +45° bzw. −45° lediglich Plasmonen entlang einer Diagonalen angeregt werden. Bei der zur $(\pm 1,0)$- bzw. $(0, \pm 1)$-Mode gehörenden Frequenz werden, wie erwartet, bei einer Eingangspolarisation von 0° oder 90° ausschließlich Oberflächenplasmonen entlang der Hauptachsen angeregt.

5.1.2 Erweiterung des SP-Modells

Obwohl das Thema EOT seit mittlerweile einem Jahrzehnt Gegenstand intensiver Forschung ist, ist der Mechanismus, der hinter der erhöhten optischen Transmission steckt, immer noch nicht vollständig geklärt. Neben dem Modell der erhöhten Transmission aufgrund der Anregung von Oberflächenplasmonen beschreibt eine andere Theorie zusätzlich zur Anregung von Oberflächenplasmonen noch einen zweiten Effekt, nämlich die Anregung von Wellenleitermoden innerhalb der Struktur. Porto et al. [109] konnten mit ihrer Untersuchung an einem Array aus sehr schmalen Spalten in einem optisch dicken Metallfilm zeigen, dass neben der stark vom Einfallswinkel abhängigen Bandstruktur (Oberflächenplasmonen) zusätzliche Bänder auftauchen, welche nicht vom Einfallswinkel abhängen. Diese nahezu vollständig flach verlaufenden Bänder werden Wellenleiterresonanzen zugeschrieben. Hiernach lässt sich die außergewöhnliche Transmission also durch eine Kombination aus Oberflächenplasmon und Wellenleiter beschreiben. Diese Überlegung trifft auf Arrays aus sehr schmalen Spalten in optisch dicken Metallfilmen zu. In zweidimensionalen Arrays zylindrischer Löcher dagegen können sich keine propagierenden Wellenleitermoden ausbilden [108].

Eine andere Möglichkeit, das Problem der Transmission durch periodisch strukturierte Filme anzugehen, stellt die „dynamische Beugung" dar. Ihren Ursprung hat diese Überlegung darin, dass ähnliche Beobachtungen bereits aus der Transmissionselektronenmikroskopie sowie aus röntgentopographischen Untersuchungen an Kristallen bekannt sind, auf die sich die dynamische Beugungstheorie anwenden lässt. Bei dieser Betrachtung werden die Beugungsmoden durch die Periodizität im Gitter verursacht und kontinuierlich gekoppelt. Der gebeugte propagierende Strahl liefert das bekannte Transmissionsspektrum. Die evaneszenten Beugungsmoden werden

5.1 Transmission durch Subwavelength Hole Arrays in dicken Filmen

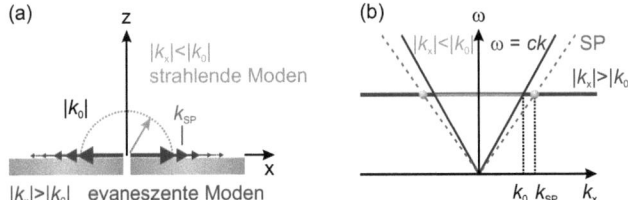

Abb. 5.6: Geometrie für die Streuung von Licht durch ein winziges Loch in einem Schirm im realen Raum (Abb. (a)) und im k-Raum (Abb. (b)). Ein Teil des gebeugten Lichts bildet ein Kontinuum aus strahlenden Moden, für die $|k_x| < |k_0|$ ist, ein anderer Teil bildet ein Kontinuum aus evaneszenten Moden mit $|k_x| > |k_0|$. Nach Ref. [85].

hierbei in Beziehung zu den Oberflächenplasmonen gesetzt. Damit sind Oberflächenplasmonen zwar im Modell eingeschlossen, allerdings werden ihnen keine die Transmission beeinflussenden Eigenschaften zugeschrieben. Der eigentliche Grund für die außergewöhnlich hohe Transmission wird somit allein im dynamischen Streuprozess gesehen [139, 140].

Im Widerspruch zu allen bisherigen Überlegungen, nach denen die hohe Transmission durch SWHAs auf die Wechselwirkung des eingestrahlten Lichts mit Oberflächenplasmonen zurückzuführen ist und sich somit auf metallische Filme beschränkt, wurde im Jahr 2004 von einer deutlich erhöhten Transmission auch in nicht-metallischen SWHAs, z. B. in amorphem Silizium, berichtet [85][3]. Zusätzlich kann beobachtet werden, dass sowohl in metallischen als auch in nicht-metallischen Filmen neben Regionen erhöhter Transmission auch Bereiche vorkommen, in denen die Transmission deutlich verringert ist. Dies lässt sich mit dem Modell der Anregung von Oberflächenplasmonen ebenso wenig erklären wie die erhöhte Transmission in nicht-metallischen SWHAs, da Oberflächenplasmonen in optisch dicken metallischen Filmen ausschließlich zu einer Erhöhung der Transmission führen.

Eine neue Erklärung für das Phänomen der außergewöhnlichen optischen Transmission liefern Lezec et al. [44, 85] mit ihrem *Modell der Beugung und Interferenz evaneszenter Wellen* (siehe Abb. 5.6). Dabei geht man davon aus, dass Licht, welches durch ein winziges Loch fällt, zu einem Teil in ein Kontinuum aus strahlenden (homogenen) Moden und zu einem anderen Teil in ein Kontinuum aus evaneszenten (inhomogenen) Moden gebeugt wird. Die in-plane Komponente $|k_x| < |k_0|$ der homogenen strahlenden Moden ist in Abbildung 5.6 (a) und (b) durch einen

---

[3] Drei Jahre später veröffentlichten Henzie et al. [59] ihre Ergebnisse zu Untersuchungen an Subwavelength Hole Arrays in 50 nm dicken Gold- und Silizium-Filmen. Während im Fall von Gold eine deutliche Erhöhung der Transmission durch das Hole Array im Vergleich zum geschlossenen Film beobachtet werden kann, wird die Transmission im Fall des Hole Arrays im Siliziumfilm unterdrückt, da im nicht-metallischen Film eine Anregung von Oberflächenplasmonen nicht möglich ist.

5 Stand der Forschung

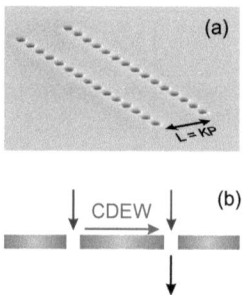
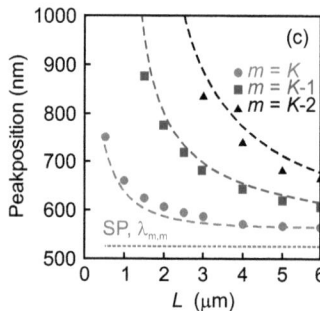

Abb. 5.7: Abbildung (a) zeigt ein REM-Bild einer Doppelreihe zylindrischer Löcher. Der Abstand zwischen den Reihen beträgt ein Vielfaches der Periodizität P. Diese Doppelreihe ist in Abbildung (b) schematisch von der Seite dargestellt: Beide Reihen werden mit einer ebenen Welle belichtet, aber nur das von der zweiten Reihe ausgehende Licht wird detektiert. Das auf die erste Reihe eingestrahlte Licht wird gebeugt, die entstehende CDEW breitet sich aus und interferiert mit dem durch die zweite Reihe kommenden Licht. Diese Interferenz führt zu Intensitätsänderungen. Die Positionen der Interferenzmaxima $\lambda_{m,K}$ mit Interferenzordnung m sind in Abbildung (c) in Abhängigkeit vom Reihenabstand $L = KP$ aufgetragen (Symbole). Im Gegensatz zum SP-Modell (gepunktete Linie) beschreibt das CDEW-Modell (gestrichelte Kurven) die Beobachtungen sehr gut. Nach Ref. [85].

hellgrauen Halbkreis bzw. durch eine hellgraue horizontale Linie verdeutlicht. Die evaneszenten Moden mit realem $|k_x| > |k_0|$ und imaginärem $k_z = i(k_x^2 - k_0^2)^{1/2}$ propagieren entlang der Metalloberfläche und sind durch die Pfeile bzw. die horizontale Linie in Abbildung 5.6 (a) und (b) dargestellt. Wird der Lochdurchmesser verkleinert, so steigt der Anteil des Lichtes, welcher in evaneszente Moden gebeugt wird. Eine dieser Moden (vertikale Linie bzw. Punkte in Abb. 5.6 (a) und (b)) entspricht dem Wellenvektor des Oberflächenplasmons.

In dem Modell der Beugung und Interferenz evaneszenter Wellen geht man dann davon aus, dass die evaneszente Komponente des gebeugten Feldes, welche Beiträge aller in der durch die Oberfläche definierten Ebene liegenden k-Vektoren einschließt, als „zusammengesetzte gebeugte evaneszente Welle" (engl. Composite Diffracted Evanescent Wave, CDEW) beschrieben werden kann. Deren Propagationseigenschaften unterscheiden sich stark von denen von Oberflächenplasmonen. Die Bezeichnung „zusammengesetzt" bezieht sich hierbei darauf, dass sämtliche evaneszente Moden in einer solchen Welle zusammengefasst werden. In dem Modell interferiert diese zusammengesetzte Welle mit Licht, welches direkt auf die Löcher trifft, was je nach Frequenz zu einer Erhöhung bzw. einer Erniedrigung der Transmission führt.

Diese Erklärung lässt sich mit der Untersuchung der Transmissionseigenschaften einer Doppelreihe zylindrischer Löcher (siehe Abb. 5.7 (a)) untermauern: Beide Reihen werden mit einer ebenen Welle belichtet, aber ausschließlich das von der zweiten Reihe ausgehende Licht wird detektiert. Das im Bereich der ersten Reihe einfallende Licht wird gebeugt, die entstehende CDEW breitet sich aus und interferiert mit dem durch die zweite Reihe kommenden Licht (siehe Abb. 5.7 (b)). Diese Interferenz führt zu Intensitätsänderungen. Die Positionen der Interferenzmaxima $\lambda_{m,K}$ mit der zugehörigen Interferenzordnung m sind in Abbildung 5.7 (c) in Abhängigkeit vom Reihenabstand $L = KP$ dargestellt (Symbole) und werden sehr gut durch das CDEW-Modell (gestrichelte Kurven) beschrieben. Doch auch dieses Modell ist nicht unumstritten, da es, wie vorherige Beugungstheorien auch, auf einem undurchsichtigen, nicht-reflektierenden Film von vernachlässigbarer Dicke basiert und die wirkliche Beugungsnatur des elektromagnetischen Feldes nicht berücksichtigt [144].

Auch Cao und Lalanne [21] ziehen in ihrer Veröffentlichung aus dem Jahr 2002 die Schlüsselrolle der Oberflächenplasmonen für die ungewöhnlich hohe Transmission durch SWHAs in Zweifel. Mittels Rigorous Coupled Wave Analysis (RCWA) sowie einem analytischen Modell für die Analyse metallischer Gitter mit winzigen Spalten [83] kann gezeigt werden, dass die außergewöhnlich hohe Transmission durch Beugung sowie durch Resonanzen in Wellenleitermoden verursacht wird. Die starke Abhängigkeit der Resonanzpeaks wird in diesem Fall nicht mehr der Anregung von Oberflächenplasmonen zugeschrieben sondern als reiner Beugungseffekt gesehen und geht mit einer Umverteilung von Energie und Phase zwischen verschiedenen Beugungsordnungen einher. Somit zeigen sich vielmehr Oberflächenströme für die außergewöhnlich hohe Transmission verantwortlich. Oberflächenplasmonen zeigen dagegen die entgegengesetzte Wirkung: In den Simulationen tauchen bei den Frequenzen, die der Anregung von Oberflächenplasmonen entsprechen, Transmissionsminima auf. Daher sprechen Cao und Lalanne in ihrer Veröffentlichung von der negativen Rolle der Oberflächenplasmonen bezüglich der Transmission durch metallische Gitter. Allerdings muss berücksichtigt werden, dass, wie bereits im vorigen Abschnitt erwähnt, zwei unterschiedliche Situationen vorliegen: Im Gegensatz zu einem Array aus sehr schmalen Spalten können in einem Subwavelength Hole Array keine propagierenden Wellenleitermoden ausgebildet werden [108].

5.2 Transmission durch Subwavelength Hole Arrays in dünnen Filmen

Im Gegensatz zum immensen Interesse an Subwavelength Hole Arrays in optisch dicken Metallfilmen, bei denen die Transmission aufgrund der Perforation außergewöhnlich hoch ist, konnten SWHAs in optisch dünnen Schichten über lange Zeit kaum Blicke auf sich ziehen. Erst in den

5 Stand der Forschung

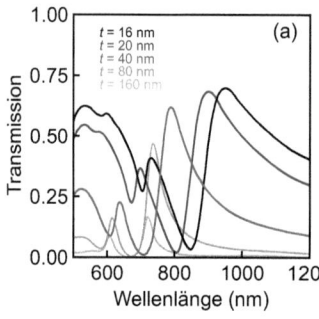
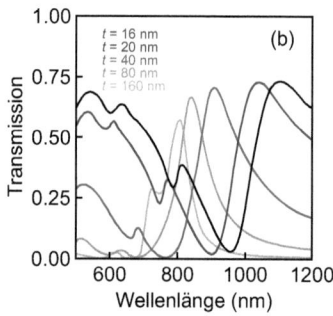

Abb. 5.8: Abhängigkeit der Transmission durch ein Subwavelength Hole Array mit $P = 400\,\text{nm}$ und $d = 160\,\text{nm}$ von der Schichtdicke des Metallfilms für (a) eine asymmetrische Umgebung ($\varepsilon_{d_1} = 1$, $\varepsilon_{d_2} = 2{,}25$) und (b) eine symmetrische Umgebung ($\varepsilon_{d_1} = \varepsilon_{d_2} = 2{,}25$). In beiden Fällen bewirkt die Reduzierung der Dicke des Goldfilms von 160 nm auf 16 nm eine Rotverschiebung sowohl der Maxima als auch der Minima. Nach Ref. [117].

letzten zwei Jahren wurden Untersuchungen über die Eigenschaften von SWHAs in dünnen Metallfilmen im optischen Frequenzbereich durchgeführt. Im Jahr 2009 präsentierten Rodrigo et al. [117] ihre Ergebnisse einer theoretischen Studie über die Transmission durch quadratische Hole Arrays in Goldfilmen verschiedener Dicke sowohl für den Fall einer asymmetrischen Umgebung mit $\varepsilon_{d_1} = 1$ und $\varepsilon_{d_2} = 2{,}25$ (Abb. 5.8 (a)) als auch für den Fall einer symmetrischen Umgebung mit $\varepsilon_{d_1} = \varepsilon_{d_2} = 2{,}25$ (Abb. 5.8 (b)). In beiden Fällen bewirkt die Reduzierung der Dicke des Goldfilms von 160 nm auf 16 nm eine Rotverschiebung sowohl der Maxima als auch der Minima. Da die Berechnungen bei allen Schichtdicken relativ hohe Transmissionswerte ergeben, sehen die Autoren dies als Bestätigung dafür, dass eine außergewöhnlich hohe Transmission auch in dünnen Filmen auftritt. Allerdings wurde dabei nicht berücksichtigt, dass dünne, geschlossene Metallfilme selbst semitransparent sind.

Nur wenige Monate später veröffentlichten Spevak et al. [135] einen Artikel über die resonante Unterdrückung der Transmission durch Arrays in optisch dünnen Metallfilmen. Anhand von Simulationen an einer eindimensionalen, periodisch modulierten Goldschicht mit $P = 400\,\text{nm}$, $t = 10\,\text{nm}$ und variabler Spaltbreite in einer symmetrischen Umgebung konnten sie zeigen, dass mit der Unterdrückung der Transmission sowohl eine deutliche Erhöhung der Reflexion als auch eine außergewöhnlich hohe Absorption einhergeht. Laut dieser Veröffentlichung hängen diese Beobachtungen mit der resonanten Anregung von kurzreichweitigen Oberflächenplasmonen zusammen. Die Bestätigung hierfür liefert die für verschiedene Spaltbreiten berechnete Dispersionsrelation der Oberflächenplasmonen. Während die langreichweitigen Moden nahezu unabhängig von der Spaltbreite erscheinen, hängen die kurzreichweitigen Moden stark von der

Spaltbreite ab. Dies ist konsistent mit der Beobachtung, dass mit zunehmender Spaltbreite eine Rotverschiebung sowohl der Maxima als auch der Minima auftritt. Als Erklärung wird aufgeführt, dass mit zunehmender Spaltbreite die effektive dielektrische Funktion der Schicht $\varepsilon_{\text{eff}} = (1-p)\,\varepsilon_m + p\,\varepsilon_d$ abnimmt, was zu einer Verschiebung der Plasmondispersionsrelation führt. Während Spevak et al. ihre Ergebnisse lediglich auf die Anregung kurzreichweitiger Plasmon-Moden aufgrund der starken Kopplung der Oberflächenplasmonen auf beiden Seiten des dünnen Metallfilms zurückführten, zeigten Dai und Jiang [26] mit ihren Simulationen an einem strukturierten Silberfilm in einer symmetrischen Umgebung, dass eine außergewöhnlich hohe Absorption auch durch simultane Anregung kurz- und langreichweitiger Moden hervorgerufen werden kann, sofern die Kopplung zwischen den Oberflächenplasmonen auf beiden Seiten des Metallfilms nicht zu stark ist.

Auch Reibold et al. [113] gelangten durch Simulation der Transmissionseigenschaft eines Spaltarrays in Silberfilmen mit variabler Spaltbreite und variabler Dicke zu dem Ergebnis, dass die Transmission im Fall von optisch dünnen Metallfilmen durch eine Perforation eher erniedrigt als erhöht wird. Sie stellten fest, dass mit abnehmender Schichtdicke der resonante Charakter der optischen Antwort immer deutlicher wird, was sich für optisch dünne Filme in einer Erniedrigung der Transmission im Vergleich zum geschlossenen Film äußert.

Insgesamt deuten somit alle theoretischen Überlegungen darauf hin, dass die Anregung von Oberflächenplasmonen in optisch dünnen, d. h. semitransparenten perforierten Metallfilmen zu einer Erniedrigung der Transmission bei gleichzeitiger Erhöhung sowohl der Reflexion als auch der Absorption führt.

5.3 Optische Aktivität ohne Chiralität

Ein komplett anderes Thema stellt die optische Aktivität von Nanostrukturen dar. Diese ist klassischerweise eng mit der Eigenschaft der Chiralität z. B. von organischen Molekülen oder Proteinen, aber auch von anorganischen Strukturen verknüpft. Solche chiralen Moleküle sind dadurch gekennzeichnet, dass sie sich nicht mit ihrem Spiegelbild zur Deckung bringen lassen. Plum et al. [105, 107] berichten dagegen von planaren, nanostrukturierten Aluminiumfilmen (siehe Abb. 5.9 (a)), die keinerlei Chiralität aufweisen, d. h. für die Bild und Spiegelbild deckungsgleich sind, die aber dennoch unter gewissen Bedingungen optisch aktiv sind. In einem solchen Fall wird eine Spiegelebene aufgrund der Orientierung des einfallenden Lichtstrahls bezüglich der zweidimensionalen Struktur kreiert, wie es in Abbildung 5.9 (b) schematisch dargestellt ist. Man

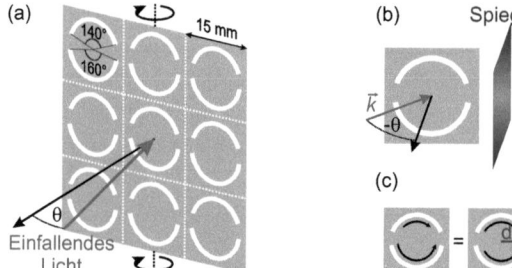

Abb. 5.9: Abbildung (a) zeigt schematisch ein aus planaren, asymmetrischen Spaltringen aufgebautes Material, welches unter schrägem Lichteinfall (Einfallswinkel $\theta \neq 0$) optisch aktiv ist. Der Grund dafür ist die extrinsische Chiralität, die aufgrund der besonderen Orientierung des einfallenden Lichtstrahls bezüglich der Struktur zustande kommt. Wie in Abbildung (b) skizziert, sind für eine solche Anordnung Bild und Spiegelbild nicht deckungsgleich. Abbildung (c) zeigt die Zusammensetzung der in beiden Bögen induzierten Ströme. Die symmetrischen und antisymmetrischen Beiträge entsprechen dabei der Anregung eines elektrischen Dipols **d** sowie eines magnetischen Dipols **m**. Die Projektionen von **d** und **m** auf die Ebene senkrecht zum Wellenvektor $\vec{k}$ bestimmen die optische Aktivität. Ist eine der Projektionen Null oder stehen sie senkrecht aufeinander, so ist das Material nicht optisch aktiv. Nach Ref. [106, 107].

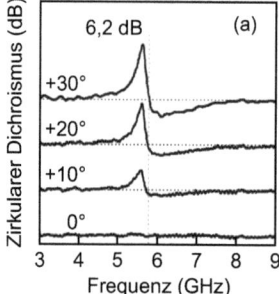
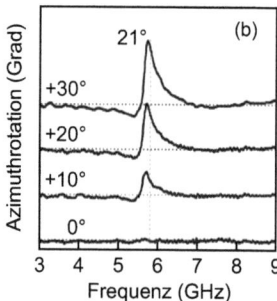

Abb. 5.10: Zirkularer Dichroismus (Abb. (a)) und Rotation des Polarisationswinkels (Abb. (b)) einer nicht-chiralen, planaren Struktur für verschiedene Einfallswinkel von 0° bis 30°. Für senkrechten Einfall weisen beide Spektren über den gesamten Frequenzbereich einen Wert von Null auf. Einfallswinkel in entgegengesetzter Richtung (0° bis −30°) führen zu entgegengesetzten Vorzeichen in beiden Spektren. Nach Ref. [105].

5.3 Optische Aktivität ohne Chiralität

spricht daher von *extrinsischer Chiralität*[4]. Dies führt dazu, dass solche Strukturen abhängig vom Einfallswinkel θ sowohl einen starken zirkularen Dichroismus als auch eine deutliche Rotation des Polarisationswinkels zeigen. Entsprechende Spektren sind in Abbildung 5.10 (a) und (b) für Einfallswinkel von $0°$ bis $30°$ dargestellt. Für senkrechten Einfall weisen beide Spektren über den gesamten Frequenzbereich einen Wert von Null auf. Erst bei schrägem Lichteinfall bildet sich an der Resonanzstelle ein deutliches Maximum heraus, welches mit zunehmendem Einfallswinkel an Stärke zunimmt. Dabei scheinen Form und Position des Maximums kaum vom Einfallswinkel abzuhängen. Dreht man die Probe von der Normalen aus in die andere Richtung (von $0°$ auf $-30°$), so resultiert dies in entgegengesetzten Vorzeichen in beiden Spektren. Analog zum konventionellen Fall der optischen Aktivität chiraler Moleküle hängt auch der hier beobachtete Effekt eng mit dem elektrischen und magnetischen Feld zusammen. Hierbei spielt die Asymmetrie der Spaltringe eine wichtige Rolle. So induziert eine parallel zu den Spalten polarisierte Welle in beiden Bögen Ströme, wobei diese unterschiedliche Beträge aufweisen, sofern der Einfallswinkel nicht Null ist. Jeder diese Ströme kann dabei als Summe aus einem symmetrischen und einem antisymmetrischen Anteil (einem in der Ebene oszillierenden elektrischen Dipol $\mathbf{d}$ und einem senkrecht zur Ebene oszillierenden magnetischen Dipol $\mathbf{m}$ entsprechend) beschrieben werden (siehe Abb. 5.9 (c)). Die Projektionen von $\mathbf{d}$ und $\mathbf{m}$ auf die Ebene senkrecht zum Wellenvektor $\vec{k}$ bestimmen die optische Aktivität. Ist eine der Projektionen Null oder stehen die Projektionen senkrecht aufeinander, so ist das Material nicht optisch aktiv. Diese Fälle treten für einen Einfallswinkel von $\theta = 0°$ oder für senkrecht zur Einfallsebene verlaufende Spalte auf. Für schrägen Lichteinfall sowie parallel zur Einfallsebene verlaufende Spalte führen die senkrecht zu $\vec{k}$ liegenden elektrischen und magnetischen Dipolkomponenten zu gestreuten elektromagnetischen Wellen mit orthogonalen Polarisationszuständen, sodass die resultierende transmittierte Welle ein Maximum an Rotation aufweist. Analoge Ergebnisse erhält man für Strukturen im Nanometerbereich bei Frequenzen des sichtbaren Spektrums.

Ein Kritikpunkt bei diesen Veröffentlichungen ist die Verwendung des Begriffs „optische Aktivität". Wie in Kapitel 2.4 beschrieben wurde, tritt klassische optische Aktivität bereits bei senkrecht zur Probenoberfläche einfallendem Licht auf. Im Fall dieser Spaltringe dagegen ist unter senkrechtem Lichteinfall kein Effekt zu beobachten. Bedauerlicherweise wurde im Rahmen dieser Veröffentlichungen die optische Aktivität nur an wenigen Punkten im $\vec{k}$-Raum gemessen, sodass die Möglichkeit räumlicher Dispersion nicht in Betracht gezogen wurde.

---

[4] Für Flüssigkristalle ist dieses Phänomen bereits seit über vierzig Jahren bekannt [146].

6 Experimenteller Aufbau und Methoden

6.1 Herstellung der Proben

Subwavelength Hole Arrays können durch verschiedene lithographische Verfahren hergestellt werden, bei denen der Herstellungsprozess allgemein sehr ähnlich ist: Zunächst wird eine dünne Goldschicht auf das Substrat aufgedampft, welche mit einer Schicht Fotolack bedeckt wird. Anschließend wird die Probe gezielt mittels lithographischer Verfahren belichtet. Ist der Belichtungsprozess abgeschlossen, wird der Fotolack entwickelt. Nach anschließendem Abspülen des überschüssigen Fotolacks wird die Struktur mittels Ionenstrahl-Ätzen auf die Probe übertragen. Der letzte Schritt besteht in der Entfernung des restlichen Fotolacks, so dass lediglich der strukturierte Goldfilm zurückbleibt.

Die einzelnen Herstellungsprozesse unterscheiden sich in Details wie z. B. dem Belichtungsprozess. Bei der herkömmlichen Elektronenstrahllithographie wird der Elektronenstrahl auf die mit Resist bedeckte Probe fokussiert. Durch eine kontrollierte Bewegung lassen sich verschiedene Muster in den Lack schreiben. Der Nachteil dieser Methode ist die geringe Schreibgeschwindigkeit. Daher

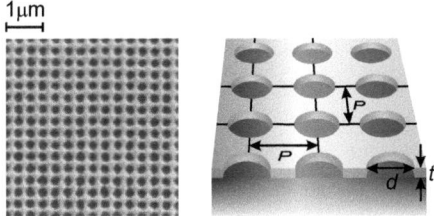

Abb. 6.1: Rasterelektronenmikroskop-Aufnahme des durch Interferenzlithographie hergestellten Lochgitters. Die Periodizität beträgt $P = 300$ nm, der Lochdurchmesser $d = 200$ nm und die Filmdicke $t = 20$ nm.

6 Experimenteller Aufbau und Methoden

ist die Probengröße oft auf wenige Quadratmillimeter beschränkt.
Eine Möglichkeit, deutlich größere Proben herzustellen, stellt die Interferenzlithographie dar. Dabei wird ein L-förmiger Probenhalter verwendet, bei dem die Probe und ein Spiegel so angebracht sind, dass sie einen Winkel von 90° aufspannen. Somit trifft ein Teil des eingestrahlten Lichts direkt die Probe, während der andere Teil vom Spiegel auf die Probe reflektiert wird. Beide Teilstrahlen interferieren und bilden somit ein Linienmuster auf der Probe ab. Um eine Gitterstruktur herzustellen, muss die Probe in einem zweiten Schritt um 90° gedreht werden. Abbildung 6.1 zeigt, dass auf diese Weise Proben mit vernünftiger Qualität großflächig hergestellt werden können. Die Details zu Herstellungsprozess und Versuchsaufbau lassen sich in der Diplomarbeit von G. Kobiela [74] nachlesen.

Die im Rahmen dieser Arbeit untersuchten Proben wurden sowohl mittels Elektronenstrahl- als auch mittels Interferenzlithographie hergestellt. Dabei konnten Probengrößen von $5 \times 5\,\text{mm}^2$ bzw. $2 \times 2\,\text{cm}^2$ erreicht werden. Diese Proben wurden mittels Reflexions- und Transmissionsmessungen sowie ellipsometrischen Messungen charakterisiert.

6.2 Aufbau und Funktionsweise eines Ellipsometers

Abhängig von den gewünschten Anwendungsbereichen bestehen mehrere Möglichkeiten, ein Ellipsometer aufzubauen. Die heutzutage gängigsten Ellipsometer basieren auf dem Prinzip einer rotierenden Komponente. Abbildung 6.2 zeigt den Aufbau eines Rotating Analyzer Ellipsometers (RAE). Das unpolarisierte Licht einer Spektrallampe wird zunächst linear polarisiert. Durch die Wechselwirkung mit der Probenoberfläche ändert sich der Polarisationszustand zu elliptisch. Der mit einer Frequenz zwischen 10 Hz und 100 Hz rotierende Analysator variiert die Intensität des durchgelassenen Lichtes mit der doppelten Frequenz. Durch eine Fourier-Analyse der Amplitude sowie der Phase des detektierten Signals lassen sich die ellipsometrischen Winkel Ψ und Δ berechnen. Dabei liegt Ψ in einem Bereich zwischen 0° und 90°, während Δ in einem Bereich von 0° bis 180° gemessen wird. Der Nachteil dieser Anordnung ist, dass Δ in den Randbereichen von 0° und 180° eine schlechte Auflösung aufweist und keinerlei Information über die Händigkeit enthält. Dies stellt besonders für Dielektrika oder Halbleiter im transparenten Bereich ein Problem dar. Daher besteht bei vielen Ellipsometern die Möglichkeit, die Polarisation des Lichtes durch einen Kompensator so zu variieren, dass die Messung stets im empfindlichsten Bereich stattfindet. Damit ist Δ im gesamten Bereich von 0° bis 360° zugänglich.

Da die Ellipsometrie eine indirekte Messmethode darstellt, ist es notwendig, ein Modell zur Beschreibung der optischen Antwort der charakterisierten Probe anzuwenden. Dabei werden die Fitparameter wie Schichtdicke oder optische Konstanten durch ein iteratives Verfahren (siehe Abb. 6.3) so lange angepasst, bis sie die durch das Experiment gewonnenen Werte exakt beschreiben. Um physikalisch sinnvolle Ergebnisse zu erhalten, ist es besonders bei Mehrschichtsystemen wichtig, dass das Substrat bereits hinreichend gut charakterisiert ist und die Probe auf diese Weise durch das Modell sehr gut beschrieben werden kann. Um möglichst exakte Ergebnisse zu gewährleisten und etwaige Unsicherheiten im Modell zu minimieren, werden die meisten Proben heutzutage bevorzugt in Abhängigkeit von mehreren Einfallswinkeln charakterisiert. Ellipsometrische Messungen liefern damit nicht nur Aussagen über die optischen Konstanten oder die Schichtdicke, man kann auch Aussagen über die Oberflächenbeschaffenheit, eine mögliche Anisotropie oder die Zusammensetzung der Probe machen.

6.2.1 Das Variable Angle Spectroscopic Ellipsometer (VASE)

Im Rahmen dieser Arbeit wurde für sämtliche Messungen ein Variable Angle Spectroscopic Ellipsometer (VASE) der Firma J. A. Woollam verwendet. Dieses Instrument basiert auf einem rotierenden Analysator. Mittels zweier Photodioden (Si und InGaAs) ist ein sehr großer spektraler Bereich von 0,54 eV bis 5,4 eV (4350 cm^{-1} bis 43 500 cm^{-1}) zugänglich. Der Frequenzbereich wird in erster Linie durch die Glasfaser zwischen dem Monochromator und dem Gerät selbst sowie dem Detektor limitiert.

Wie der Name bereits sagt, lässt sich der Einfallswinkel θ computergesteuert variieren. Der mögliche Winkelbereich erstreckt sich, ausgehend von der Probennormalen, zwischen 20° und 85° für Reflexionsmessungen und zwischen 0° und 85° für Transmissionsmessungen. Die Goniometer in einer sogenannten Θ-2Θ-Anordnung lassen eine Genauigkeit von 0,01° zu. Um zusätzlich zu den verschiedenen Einfallswinkeln verschiedene Azimutalwinkel α messen zu können, wurde ein Probenhalter auf der Basis einer Rotationsplattform und eines kinematischen Halters konstruiert, auf dem die Probe von Hand gedreht werden kann, ohne jedoch ihre Position im Lichtstrahl zu verändern. Damit lässt sich zwar nur eine Genauigkeit von 1° erreichen, jedoch konnten sämtliche Messungen einwandfrei reproduziert werden.

Zusätzlich ist dieses Instrument mit einer Fokussiereinheit ausgestattet. Diese erlaubt eine Reduzierung des Messflecks von 2 mm bei senkrechtem Einfall auf 200 μm. Damit lassen sich Proben von ca. 1 mm^2 Größe im gesamten Einfallswinkelbereich charakterisieren.

6 Experimenteller Aufbau und Methoden

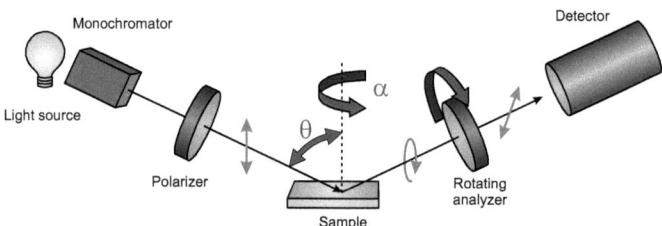

Abb. 6.2: Aufbau eines Rotating Analyzer Ellipsometers: Das von einer Spektrallampe ausgehende Licht trifft auf einen Polarisator. Dieses linear polarisierte Licht wird durch die Reflexion an der Probenoberfläche elliptisch polarisiert. Der rotierende Analysator moduliert die ankommende Lichtintensität. Phase und Amplitude der Modulation lassen Rückschlüsse auf den Polarisationszustand des eintreffenden Lichts zu und liefern somit eine genaue Kenntnis der ellipsometrischen Winkel Ψ und Δ.

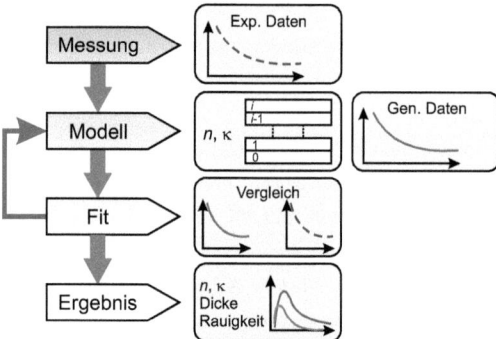

Abb. 6.3: Vorgehensweise bei der Auswertung von Mehrschichtsystemen: Das Schichtsystem der Probe wird durch ein Modell nachgebildet. Die anhand des Modells generierten Daten werden mit den experimentellen Daten verglichen. Über die freien Fitparameter wird das Modell durch ein iteratives Verfahren so lange angepasst, bis der Fit mit den experimentellen Werten übereinstimmt. Anschließend lassen sich aus dem Modell die gewünschten Informationen ziehen.

6.2.2 Reflexions- und Transmissionsmessungen

Eine gute Übersicht über die optische Antwort der Lochstrukturen wurde durch Reflexions- und Transmissionsmessungen erhalten. Da die bekanntesten Ergebnisse bei der Untersuchung von Nano-Löchern in dicken Metallfilmen durch Transmissionsmessungen erhalten wurden (siehe Kap. 5 sowie Ref. [34, 144]), wurde auch in dieser Arbeit der Schwerpunkt auf Intensitätsmessungen in Transmission gelegt. Dies dient einem möglichen direkten Vergleich der optischen Eigenschaften perforierter dicker und dünner Metallfilme. Zudem zeigen Transmissionsspektren exakt an der Resonanzstelle ein Minimum, während bei Reflexionsmessungen das Maximum von der Resonanzstelle aus zu höheren Frequenzen verbreitert sein kann.

Ein weiterer Vorteil gegenüber der Reflexionsanordnung besteht darin, dass in Transmission auch kleine Einfallswinkel von 0° bis 20° nahezu im gesamten Frequenzbereich zugänglich sind. Sämtliche Transmissionsmessungen wurden unter verschiedenen Einfallswinkeln im Bereich von 0° bis 74° und unter den Azimutalwinkeln 0° und 45° durchgeführt. Dafür wurde der Frequenzbereich von 0,87 eV bis 4,6 eV (7000 cm^{-1} bis 37 000 cm^{-1}) durchfahren. Als Referenz wurde einerseits Luft, andererseits das Substrat (Quarz) verwendet. Die Proben der Größe $5 \times 5\,\text{mm}^2$ wurden unter Verwendung eines Fokussieraufsatzes gemessen.

6.2.3 Ellipsometrische Messungen

Die Müller-Matrix-Elemente aller Proben wurden im Frequenzbereich um die Resonanzstelle herum bestimmt. In Abhängigkeit von der Strukturgröße wurde ein Bereich zwischen 0,8 eV und 2,4 eV (6450 cm^{-1} bis 19 360 cm^{-1}) mit einem Intervall von 0,2 eV gewählt. Auch hier wurden mehrere Einfallswinkel zwischen 20° und 72° durchfahren. Weiterhin wurden die Proben aus allen Richtungen, d. h. unter Azimutalwinkeln von 0° bis 360° charakterisiert. Die Messergebnisse wurden in Polarkoordinaten [123] mit $x = \cos\alpha \sin\theta$ und $y = \sin\alpha \sin\theta$ für einzelne Energien aufgetragen und zeigen damit eine große Ähnlichkeit mit Bildern, wie sie aus der konoskopischen Mikroskopie [13] gewonnen werden. Diese Art der Darstellung liefert einen sehr guten Überblick über die Eigenschaften der einzelnen Müller-Matrix-Elemente in Abhängigkeit von Einfalls- und Azimutalwinkel.

Zudem war es möglich, unter Verwendung des Autoretarders des Variable Angle Spectroscopic Ellipsometers die Depolarisation der einzelnen Proben frequenzabhängig zu bestimmen.

7 Ergebnisse und Diskussion

Im Rahmen dieser Arbeit wurden Subwavelength Hole Arrays verschiedener Probenserien in sehr dünnen Goldfilmen sowohl mittels Reflexions- und Transmissionsmessungen als auch mittels Müller-Matrix-Ellipsometrie in einem vom mittleren UV bis ins Nahinfrarote reichenden Frequenzbereich charakterisiert. Die einzelnen Probenserien unterscheiden sich dabei primär in der Dicke der Goldschicht sowie in der Herstellungsweise der Arrays. Während die Proben der Serien A (siehe Abb. 7.1) und B mittels Elektronenstrahllithographie[1] hergestellt wurden, wurde für die Fabrikation der Probenserie R die für die Strukturierung größerer Flächen entwickelte Interferenzlithographie[2] verwendet. Unterschiede bestehen zudem in der Wahl des für eine bessere Haftung des Goldfilms auf dem Substrat verwendeten Materials. Bei den mittels Elektronenstrahllithographie hergestellten Proben dient eine 3 nm dicke Titanschicht als Haftschicht, im anderen Fall wurde eine Schicht aus 2 nm Chrom verwendet. Allerdings zeigen diese sehr dünnen Metallfilme Simulationen zufolge keinerlei Einfluss auf die Auswertung sämtlicher Messergebnisse. Für Details zur Herstellung sei auf Kapitel 6.1 sowie auf Ref. [74] verwiesen. Die exakten Parameter wie Schichtdicke, Periodizität und Lochdurchmesser der einzelnen Proben sind in Tabelle 7.1 aufgelistet. Für die Proben der Serien A und B entspricht

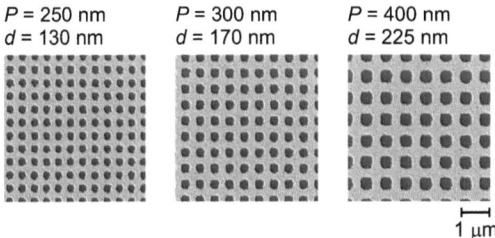

Abb. 7.1: Rasterelektronenmikroskop-Aufnahmen der Proben der Serie A. Die Parameter entsprechen den in der Tabelle 7.1 für die Proben A1 bis A3 aufgelisteten Werten.

---

[1] Institut für Photonische Technologien, Albert-Einstein-Straße 9, 07745 Jena.
[2] 4. Physikalisches Institut, Universität Stuttgart, Pfaffenwaldring 57, 70550 Stuttgart.

7 Ergebnisse und Diskussion

Tab. 7.1: Auflistung der untersuchten Proben der Serien A, B und R. Die Probenserien unterscheiden sich primär in der Schichtdicke sowie im Herstellungsprozess und in dem für eine bessere Haftung des Goldfilms auf dem Substrat verwendeten Material. Für jede untersuchte Probe sind Periodizität und Lochdurchmesser aufgeführt.

Probenserie A: $t = 20{,}5$ nm	Periode	Lochdurchmesser
A1	250 nm	130 nm
A2	300 nm	170 nm
A3	400 nm	225 nm
Probenserie B: $t = 14{,}5$ nm	Periode	Lochdurchmesser
B1	250 nm	150 nm
B2	300 nm	180 nm
B3	400 nm	240 nm
Probenserie R: $t = 20$ nm	Periode	Lochdurchmesser
R3	300 nm	200 nm

der Lochdurchmesser circa der halben Periodizität, während die Proben der Serie R ein etwas größeres Verhältnis aufweisen.

Wie bereits erwähnt, wurden sämtliche Proben über einen Frequenzbereich von 0,87 eV bis 4,6 eV (7000 cm^{-1} bis 37 000 cm^{-1}, 270 nm bis 1425 nm) charakterisiert. Somit liegen über einen sehr weiten Frequenzbereich sowohl Lochdurchmesser als auch Periodizität unterhalb der Wellenlänge des einfallenden Lichts, was durch die Bezeichnung der Proben als Subwavelength Hole Arrays impliziert wird. Während für die Reflexions- und Transmissionsmessungen der gesamte Frequenzbereich kontinuierlich durchfahren wurde, wurden die Müller-Matrix-Messungen aufgrund des hohen Zeitaufwands auf einzelne Energien beschränkt. Sämtliche im Rahmen dieser Arbeit gezeigten Reflexions- und Transmissionsspektren wurden unter Verwendung p-polarisierten Lichts aufgenommen, da die hier diskutierten Effekte stark von der Polarisation des einfallenden Lichtstrahls abhängen und für die Polarisationsrichtung senkrecht zur Einfallsebene nur marginal zu beobachten sind. Für sämtliche in diesem Kapitel vorgestellten Transmissionsmessungen wurde das Substrat, d. h. Glas im Fall der Probenserie R bzw. Quarz für die Probenserien A und B, als Referenz gewählt.

Um die Änderung der optischen Eigenschaften der Goldfilme aufgrund der Perforation spezifizieren zu können ist es wichtig, zunächst den geschlossenen Goldfilm zu charakterisieren. Dementsprechend soll der nächste Abschnitt den optischen Eigenschaften geschlossener Goldfilme verschiedener Dicke gewidmet werden.

Der Arbeit von Hövel [63, 64] zufolge zeigen dünne Goldfilme von wenigen Nanometern Dicke ein Verhalten, welches sich deutlich von dem des Bulk-Materials unterscheidet. Bei den im Rahmen der vorliegenden Arbeit verwendeten Goldfilmen von 14,5 nm und 20,5 nm Dicke ist dieser Effekt

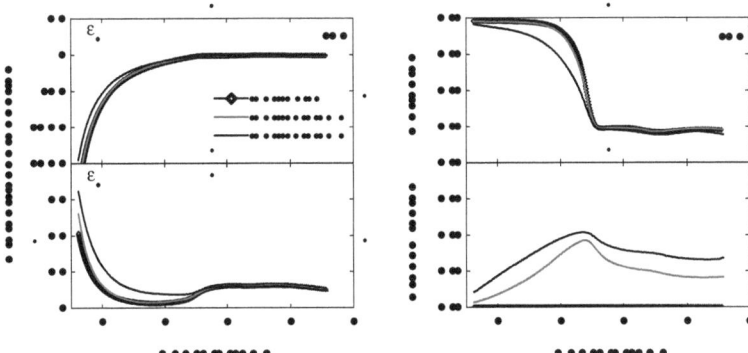

Abb. 7.2: Abbildung (a) zeigt Real- und Imaginärteil der dielektrischen Funktionen (ε_1 und ε_2) zweier 14,5 nm und 20,5 nm dicker Goldfilme im Vergleich zu den optischen Konstanten des Bulk-Materials. Während der 20,5 nm dicke Film sehr ähnliche Eigenschaften wie Bulk-Gold aufweist, weicht die dielektrische Funktion der 14,5 nm dicken Schicht deutlich von der des Bulk-Materials ab. Ein ähnliches Verhalten zeigt sich im Reflexionsspektrum (siehe Abb. (b)). Das Transmissionsspektrum dagegen zeigt deutliche Unterschiede zwischen den dünnen Filmen und dem Bulk-Material. So weisen die dünnen Goldschichten eine Transmission von 37 % bzw. 41 % auf, während der dicke Goldfilm vollkommen undurchsichtig ist.

zwar nicht sehr groß, für einen Vergleich der gemessenen Werte mit Rechnungen ist es aber dennoch entscheidend, die optischen Konstanten des Dünnfilms zu verwenden. Diese sind in Abbildung 7.2 sowohl für den 14,5 nm als auch für den 20,5 nm dicken Goldfilm im Vergleich zum Bulk-Material (500 nm Gold auf einem Si/SiO$_2$-Wafer) dargestellt. Die dielektrische Funktion des 20,5 nm dicken Films weist sehr große Ähnlichkeit mit der des Bulk-Materials auf (siehe Abb. 7.2 (a)). Dagegen sind für die 14,5 nm dicke Schicht deutliche Unterschiede besonders bei niedrigen Energien aufgrund der Koexistenz des (in diesem Schichtdickenbereich dominanten) Drude-Anteils und eines bei Reduzierung der Schichtdicke aufkommenden Partikelplasmons [63, 64] erkennbar. Ein ähnliches Verhalten zeigt sich im Reflexionsspektrum (siehe Abb. 7.2 (b)). Im Transmissionsspektrum dagegen sind deutliche Unterschiede zwischen den dünnen Filmen und dem Bulk-Material erkennbar. So weisen die dünnen Goldschichten eine Transmission von 37 % bzw. 41 % auf, während der dicke Goldfilm vollkommen undurchsichtig ist. Sowohl der 14,5 nm als auch der 20,5 nm dicke Goldfilm lassen sich, ebenso wie das Bulk-Material, unter Verwendung der Auswertungssoftware VASE des Ellipsometers jeweils über einen Satz von Oszillatoren (siehe Kap. 4.1) perfekt beschreiben. Diese hieraus erhaltenen Oszillator-Modelle bilden die Grundlage für die Auswertung sämtlicher Messungen an den Subwavelength Hole Arrays.

7 Ergebnisse und Diskussion

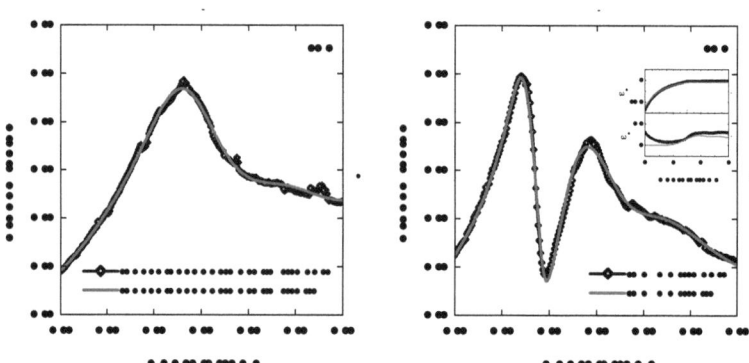

Abb. 7.3: Abbildung (a) zeigt die unter senkrechtem Lichteinfall gemessene Transmission durch eine 20 nm dicke Goldschicht (Symbole) zusammen mit dem auf einem Oszillator-Modell basierenden Fit (durchgezogene Linie) in Abhängigkeit von der Energie. Dabei weist der geschlossene Film eine maximale Transmission von 48 % auf. Wie in Abbildung (b) zu sehen ist, bricht die Transmission durch ein Subwavelength Hole Array mit $P = 300$ nm, $d = 200$ nm und $t = 20$ nm bei einer Energie von 1,96 eV auf 8 % ein. Das Transmissionsspektrum des SWHAs kann sehr gut durch im Vergleich zur geschlossenen Schicht leicht modifizierte optische Konstanten eines 20 nm dicken geschlossenen Goldfilms (kleines Bild in Abb. (b)) mit einem zusätzlichen Lorentz-Oszillator bei 1,96 eV (nicht gezeigt) beschrieben werden.

7.1 Transmissionsmessungen

Wie bereits erwähnt liefern Transmissionsmessungen einen wichtigen Beitrag zur Charakterisierung von Subwavelength Hole Arrays in Metallfilmen[3]. Eine Zusammenfassung der hier vorgestellten Ergebnisse wurde bereits im Jahr 2009 veröffentlicht [18].

In Abbildung 7.3 (a) ist zunächst die unter senkrechtem Lichteinfall gemessene Transmission durch einen 20 nm dicken geschlossenen Goldfilm in Abhängigkeit von der Energie dargestellt. Das resultierende Spektrum (Symbole) weist ein Transmissionsmaximum von 48 % auf und kann sehr gut durch einen auf dem Oszillator-Modell basierenden Fit (durchgezogene Linie) beschrieben werden. Abbildung 7.3 (b) zeigt im Vergleich dazu das Transmissionsspektrum eines Subwavelength Hole Arrays mit $P = 300$ nm, $d = 200$ nm und $t = 20$ nm (Probe R3). Es ist deutlich erkennbar, dass die Transmission durch das SWHA bei einer Energie von 1,96 eV auf

---

[3] Aufgrund der hohen Reflektivität von Subwavelength Hole Arrays in dicken Metallfilmen sind in der Literatur überwiegend Transmissionsmessungen zu finden. Reflexionsmessungen wurden im Rahmen dieser Arbeit zwar durchgeführt, sollen hier aber nicht explizit gezeigt werden, da der Schwerpunkt auf den Vergleich von SWHAs in semitransparenten Metallfilmen mit Literaturergebnissen gelegt wird.

7.1 Transmissionsmessungen

8 % einbricht. Der vorher semitransparente geschlossene Goldfilm wird somit aufgrund der Perforation in einem bestimmten Energiebereich nahezu undurchsichtig. Bevor jedoch die Ursache dieses unerwarteten Verhaltens diskutiert wird, soll kurz auf die analytische Beschreibung der Transmissionsspektren sowie auf die Geometrie der Probe eingegangen werden. Bei der Auswertung der Daten mittels des Oszillator-Modells im Auswerteprogramm VASE des Ellipsometers zeigt sich, dass zur Beschreibung der Transmission durch das SWHA nahezu die gleichen optischen Konstanten wie für den 20 nm dicken geschlossenen Goldfilm verwendet werden können, sofern ein zusätzlicher Lorentz-Oszillator an der Resonanzfrequenz einbezogen wird. Dies liefert eine optimale Beschreibung (durchgezogene Linie) der gemessenen Transmission (Symbole). Die leicht modifizierten optischen Konstanten (durchgezogene Linie im kleinen Bild in Abb. (b)) des zur Beschreibung des SWHAs verwendeten 20 nm dicken Goldfilms (ohne den zusätzlichen Oszillator bei 1,96 eV) sind zusammen mit den ursprünglichen optischen Konstanten (Symbole) im kleinen Bild in Abbildung 7.3 (b) gezeigt. Die Ursache für die leicht geänderte dielektrische Funktion ist im Lithographie-Prozess zu vermuten. Durch die Behandlung der Oberfläche mit Fotolack, das Entwickeln und das anschließende Ionenstrahl-Ätzen wurde nicht nur die Goldschicht perforiert, sondern auch die Struktur der Oberfläche leicht verändert, was in einer Abweichung der dielektrischen Funktion von der des geschlossenen Films resultiert.
Wie zunächst für eine quadratische Struktur erwartet, verhält sich das Subwavelength Hole Array unter den für die Transmissionsmessungen in Abbildung 7.3 gewählten Bedingungen, d. h. Lichteinfall senkrecht zur Probenoberfläche, komplett isotrop. Dies ändert sich jedoch mit der Variation des Einfallswinkels θ. Für Licht, welches schräg auf die Probe fällt ($\theta > 0°$), hängt die optische Antwort stark von der Orientierung der Struktur bezüglich der Einfallsebene ab. Wie in Abbildung 7.4 (a) zu sehen ist, zeigen die Transmissionsspektren der Messungen, bei denen die Einfallsebene parallel zu den Achsen des SWHAs liegt, mit zunehmendem Einfallswinkel eine starke Verschiebung des scharfen Transmissionsminimums bei 1,96 eV zu kleineren Energien. Wird die Probe um 45° bezüglich der Einfallsebene gedreht, so kann lediglich eine kleine Verschiebung des scharfen Transmissionsminimums in Abhängigkeit vom Einfallswinkel beobachtet werden (siehe Abb. 7.4 (b)). Unabhängig von der Orientierung tauchen unter schrägem Lichteinfall zusätzliche Transmissionsminima auf, welche zwar weniger ausgeprägt als das bereits bei $\theta = 0°$ auftretende Hauptminimum aber dennoch deutlich sichtbar sind. Dieses Verhalten erinnert stark an die von Ebbesen et al. [34] veröffentlichten Ergebnisse von Transmissionsmessungen an SWHAs in dicken Silberfilmen (siehe Kap. 5.1.1), bei denen ebenfalls eine deutliche Abhängigkeit der Transmission vom Einfallswinkel beobachtet wurde (siehe Abb. 5.5). Trägt man die zu den Transmissionsminima in Abbildung 7.4 gehörenden Energien gegen den dazugehörenden Wellenvektor $k_x = 2\pi/\lambda \cdot \sin\theta$ auf, so erhält man die in Abbildung 7.5 durch

7 Ergebnisse und Diskussion

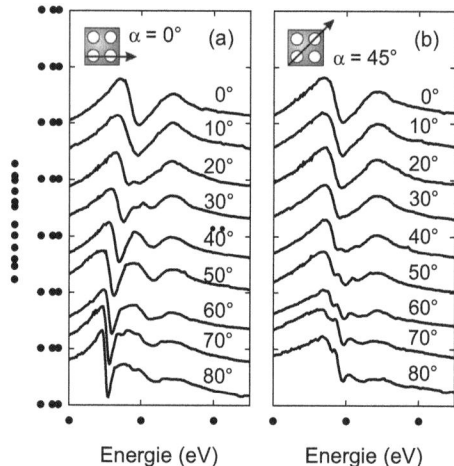

Abb. 7.4: Abhängigkeit der Transmission durch ein Subwavelength Hole Array von Einfallswinkel θ und Azimut α. Liegt die Einfallsebene parallel zu einer Achse des Arrays ($\alpha = 0°$, $90°$), so ist eine starke Verschiebung des Transmissionsminimums zu kleineren Energien mit zunehmendem Einfallswinkel zu beobachten (Abb. (a)). Im Gegensatz dazu ist die Verschiebung des Transmissionsminimums für die um 45° gedrehte Probe sehr gering (Abb. (b)). In beiden Teilabbildungen sind die Kurven jeweils um einen Offset von 0,3 verschoben.

die Punkte dargestellte Dispersionsrelation. Dies legt die Vermutung nahe, dass, ebenso wie bei Subwavelength Hole Arrays in dicken Metallfilmen, auch hier die Anregung von Oberflächenplasmonen für die besonderen optischen Eigenschaften verantwortlich ist. Zusammengefasst lassen sich folgende, auf den ersten Blick unerwartete, optische Eigenschaften beobachten:

- Unterdrückung der Transmission durch SWHAs in dünnen Metallfilmen im Vergleich zur geschlossenen Schicht,
- keine „in-plane"-Anisotropie bei Lichteinfall senkrecht zur Probenoberfläche,
- Abhängigkeit der Transmission von Einfallswinkel und Azimut bei $\theta > 0°$,
- Orientierung der Transmissionshauptachsen 45° zueinander.

Für alle Punkte liefert das Modell der Anregung von Oberflächenplasmonen eine mögliche Erklärung. Unter Verwendung von Gl. (4.18) lassen sich die $\vec{k}$-abhängigen Plasmon-Energien für ein Subwavelength Hole Array mit $P = 300\,\text{nm}$ und $t = 20\,\text{nm}$ berechnen. Der Lochdurchmesser geht dagegen in die analytische Formel nicht ein. Dabei wird lediglich der Realteil der dielektrischen Funktion von Gold verwendet, da der Imaginärteil im hier betrachteten Frequenzbereich kaum

7.1 Transmissionsmessungen

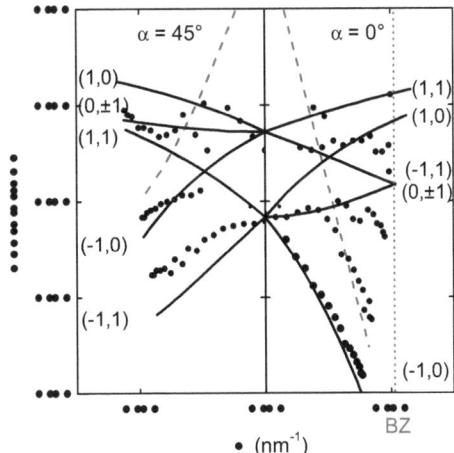

Abb. 7.5: Eine Auftragung der zu den Transmissionsminima in Abbildung 7.4 gehörenden Energien gegen den dazugehörenden Wellenvektor $k_x = 2\pi/\lambda \cdot \sin\theta$ liefert die Dispersionsrelation des Subwavelength Hole Arrays (Punkte). Die aus Gl. (4.18) berechneten Plasmon-Energien (durchgezogene Linien) decken sich mit den experimentell erhaltenen Werten. Die verschiedenen Zweige entsprechen unterschiedlichen Sets von (m,n). Zusätzlich ist die Grenze der Brillouin-Zone (BZ) bei $k_x = \pi/P = 0{,}0104\,\text{nm}^{-1}$ sowie die Lage der Woodschen Anomalie (gestrichelte Linie) eingezeichnet.

Auswirkungen auf den Verlauf der Kurven hat. Damit erhält man für den hier vorliegenden Fall einer asymmetrischen Umgebung ($\varepsilon_{d_1} = 1$ für Luft und $\varepsilon_{d_2} = 2{,}25$ für Glas) lediglich eine stark gedämpfte und dementsprechend kurzreichweitige SP-Mode [150]. Dieses Resultat entspricht den in Kapitel 5.2 diskutierten Vorhersagen von Spevak et al. [135]. Die für verschiedene Kombinationen von (m,n) erhaltenen Moden (durchgezogene Linien in Abb. 7.5) decken sich mit den experimentell erhaltenen Werten. Besonders für den $(-1,0)$-Zweig ($\alpha = 0°$), welcher dem scharfen Transmissionsminimum bei 1,96 eV für $\theta = 0°$ entspricht, liefert die einfache analytische Formel eine nahezu perfekte Beschreibung. Die weniger gute Übereinstimmung von Theorie und Experiment der übrigen Zweige lässt sich damit erklären, dass die Minima in den Transmissionsspektren relativ breit sind und deswegen ein Ablesen der Resonanzenergie zu Ungenauigkeiten führt. Dennoch ist die Übereinstimmung der experimentell erhaltenen Werte mit der analytischen Formel (Gl. (4.18)) bemerkenswert gut, wenn man bedenkt, dass in die Rechnung lediglich die Probenparameter P und t sowie die dielektrische Funktion des geschlossenen Goldfilms ε_m eingehen und keine weiteren freien Parameter berücksichtigt werden. In Abbildung 7.5 ist zusätzlich die Lage der Woodschen Anomalie eingezeichnet. Zusammenfassend

7 Ergebnisse und Diskussion

lässt sich sagen, dass bei der hier betrachteten Probe aufgrund der periodischen Struktur des SWHAs Oberflächenplasmonen angeregt werden (siehe Kap. 4.2.1), was mit einer Absorption von Licht einer bestimmten Energie, die der Resonanzfrequenz der Oberflächenplasmonen entspricht, einhergeht, während bei der geschlossenen 20 nm dicken Goldschicht fast die Hälfte des einfallenden Lichts transmittiert wird. Somit wird die Transmission durch ein Subwavelength Hole Array an der Resonanzfrequenz der Oberflächenplasmonen unterdrückt.

Wie bereits erwähnt, beobachtet man für den Einfallswinkel $\theta = 0°$ keinerlei Anisotropie. Dies ist nicht verwunderlich, da der Erklärung von Altewischer et al. [4] zufolge unter senkrechtem Lichteinfall lediglich frequenzentartete Oberflächenplasmonen angeregt werden, welche einen definierten Polarisationszustand aufweisen, deren Summe wiederum gleich der Eingangspolarisation ist (siehe Kap. 5.1). Geht man dagegen zu größeren Einfallswinkeln über, so wird diese Entartung aufgehoben und die Probe erscheint anisotrop. Dabei werden, abhängig von der Orientierung der Einfallsebene (bei p-polarisiertem Licht bedeutet das abhängig von der Eingangspolarisation), für verschiedene Moden einzelne Richtungen stärker angeregt als andere, was zu den deutlichen Unterschieden in den Transmissionsspektren für die Azimutalwinkel $\alpha = 0°$ und $\alpha = 45°$ führt. Dieses Verhalten lässt sich weder über eine Anisotropie in der Ebene (in-plane-Anisotropie) noch senkrecht dazu (out-of-plane-Anisotropie) erklären, da für den ersten Fall die Probe auch bei senkrechtem Lichteinfall anisotrop sein müsste, während der zweite Fall alle Azimutalwinkel gleichermaßen beeinflussen würde. Somit lässt sich das für das Subwavelength Hole Array beobachtete Verhalten lediglich über eine $\vec{k}$-Abhängigkeit beschreiben, was als typisches Zeichen für die Anregung von Oberflächenplasmonen gewertet werden kann.

Diese $\vec{k}$-Abhängigkeit erklärt auch die in 45° zueinander stehenden Transmissionshauptachsen. Für jede Resonanzfrequenz wird eine bestimmte Mode angeregt. Dabei hängen die Richtungen stark von der Eingangspolarisation ab. Betrachtet man z. B. die $(\pm 1, \pm 1)$-Mode, so werden bei einer Eingangspolarisation von 0° oder 90° (Orientierung der Einfallsebene entlang der Achsen des SWHAs) Plasmonen entlang beider Diagonalen des Subwavelength Hole Arrays hervorgerufen, während eine Eingangspolarisation von 45° (Orientierung der Einfallsebene diagonal zu den Achsen des SWHAs) lediglich eine Anregung entlang einer Diagonalen hervorruft. Analog werden bei der zur $(\pm 1, 0)$- bzw. $(0, \pm 1)$-Mode gehörenden Frequenz bei einer Eingangspolarisation von 0° oder 90° ausschließlich Oberflächenplasmonen entlang der Hauptachsen angeregt (siehe Kap. 5.1.1 oder Ref. [4]). Dies führt dazu, dass Eingangspolarisationen von 0° und 90° das gleiche Transmissionsspektrum liefern, während für eine Eingangspolarisation von 45° die Transmissionsspektren ein deutlich unterschiedliches Verhalten aufweisen.

Wie bereits beschrieben, lassen sich die Transmissionsspektren unter Verwendung von leicht modifizierten dielektrischen Konstanten der geschlossenen Goldschicht zuzüglich eines Lorentz-Oszillators beschreiben. Dieses Verhalten entspricht zwar nicht der bei der Transmission durch SWHAs in dicken Filmen beobachteten Asymmetrie der Peakprofile (Fano-Resonanzen) [6], dennoch ist es kein Argument gegen die Anregung von Oberflächenplasmonen als Ursache für die unterdrückte Transmission. Wie bereits in Kapitel 5.1 angesprochen wurde, führt bereits eine Verringerung der Filmdicke von 200 nm auf 100 nm zu einer deutlichen Verringerung der Asymmetrie [46]. Für Subwavelength Hole Arrays in dünnen Metallfilmen nähert sich der die Asymmetrie bestimmende Parameter $q = 2\delta/\Gamma$ dem Wert Null an. Bei Subwavelength Hole Arrays in dicken Filmen kann beobachtet werden, dass der resonant gestreute Anteil und der nicht-resonant (direkt) durch die Löcher transmittierte Anteil des Lichts etwa die gleiche Größenordnung aufweisen ($\delta = 1$). Zusammen mit einer relativ kleinen Linienbreite Γ ergeben sich typische q-Werte in der Größenordnung von 20 [55]. Eine Reduzierung der Schichtdicke führt zu einer Erhöhung der nicht-resonanten Transmission aufgrund der direkten Transmission durch den semitransparenten Metallfilm, d. h. der Wert für δ verringert sich um bis zu zwei Größenordnungen. Außerdem führt eine Reduzierung der Schichtdicke zu einer deutlichen Vergrößerung der Linienbreite Γ. Damit geht der Wert für q gegen Null und die Fano-Resonanz reduziert sich zu einer Lorentz-Kurve.

7.1.1 Abhängigkeit von Periodizität und Filmdicke

In Kapitel 5.1 wurde bereits die Abhängigkeit der Transmissionseigenschaften der Subwavelength Hole Arrays in optisch dicken Filmen von Periodizität, Lochdurchmesser und Filmdicke beschrieben. Im folgenden Abschnitt sollen diese Beobachtungen mit den Ergebnissen aus Transmissionsmessungen an Subwavelength Hole Arrays in semitransparenten Metallfilmen verglichen werden. Während für die Diskussion im vorigen Abschnitt ausschließlich die Probe der Serie R betrachtet wurde, beziehen sich die hier vorgestellten Ergebnisse auf die Proben der Serien A und B. Für eine möglichst exakte Charakterisierung wurde die Dicke des Goldfilms beider Serien ellipsometrisch bestimmt. Die so erhaltenen Werte belaufen sich auf $t = 20,5$ nm für die Serie A und $t = 14,5$ nm für die Serie B.

In Abbildung 7.6 sind die Transmissionsspektren sämtlicher Proben beider Serien für verschiedene Einfallswinkel θ und die Azimutalwinkel $\alpha = 0°$ sowie $\alpha = 45°$ dargestellt. Sämtliche Kurven sind um einen Offset von 0,2 zueinander verschoben. Die einzige Ausnahme bilden die Kurven für $\theta = 60°$ und $\theta = 70°$ der Probe A3, die zur Einhaltung der Reihenfolge um +0,3 bzw. −0,2 verschoben wurden. Bereits auf den ersten Blick fällt auf, dass bei den Transmissionsspektren der Probenserie A mit einer Golddicke von $t = 20,5$ nm sämtliche Minima stärker ausgeprägt sind als

7 Ergebnisse und Diskussion

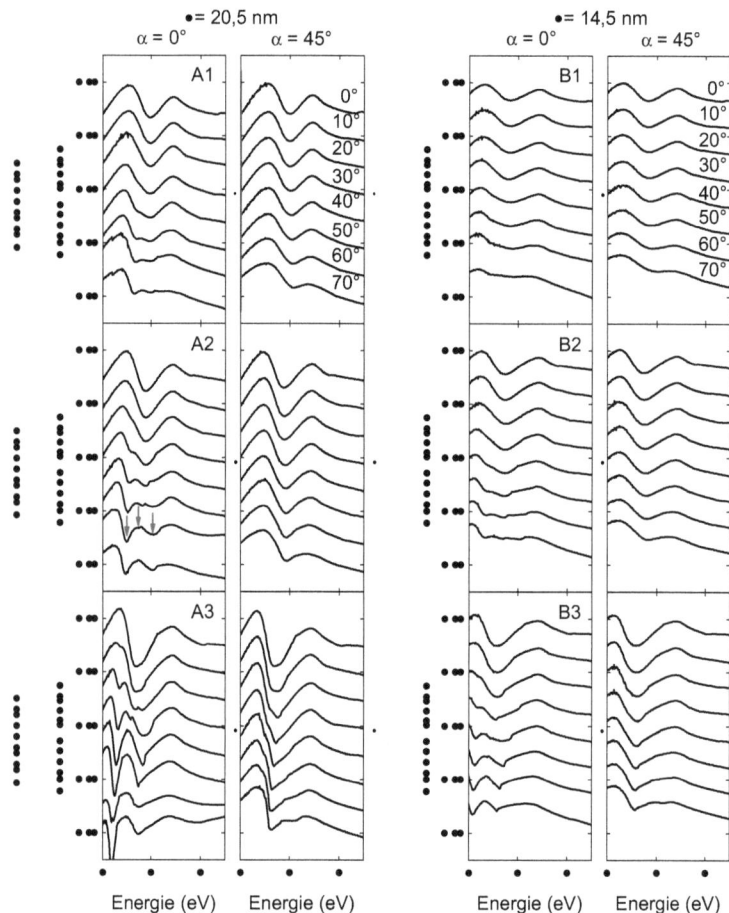

Abb. 7.6: Die Transmissionsspektren der Probenserien A und B zeigen für $\alpha = 0°$, $90°$ eine starke Verschiebung des Transmissionsminimums zu kleineren Energien mit zunehmendem Einfallswinkel, während nach einer Drehung um $45°$ die Verschiebung sehr gering ist. Zu bemerken ist zudem, dass die Abhängigkeit von Einfallswinkel und Azimut für die Proben A1 bzw. B1 mit der kleinsten Periodizität ($P = 250$ nm) die Transmissionsspektren nur sehr schwach beeinflusst, während die Proben A3 bzw. B3 mit der größten Periodizität ($P = 400$ nm) ein sich mit zunehmendem Einfallswinkel stark änderndes Transmissionsspektrum aufweisen. Die Pfeile verdeutlichen exemplarisch die Positionen der Transmissionsminima. In der Abbildung sind sämtliche Kurven um einen Offset von 0,2 verschoben.

7.1 Transmissionsmessungen

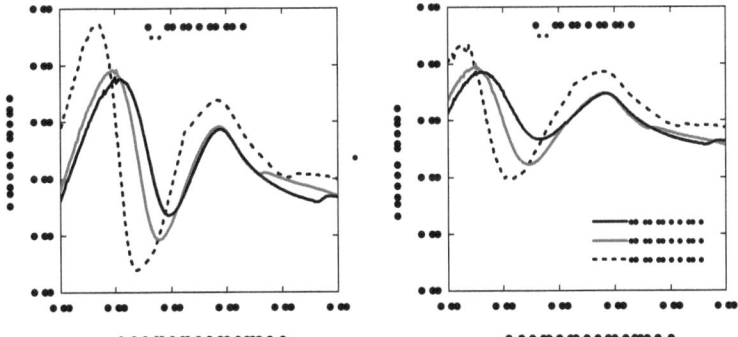

Abb. 7.7: Transmissionsspektren der Subwavelength Hole Arrays in unterschiedlich dicken Goldschichten für einen Einfallswinkel von $\theta = 0°$: Abbildung (a) zeigt die Ergebnisse der Probenserie A ($t = 20{,}5\,\text{nm}$), in Abbildung (b) sind die Transmissionsspektren der Probenserie B ($t = 14{,}5\,\text{nm}$) dargestellt. Neben der Verschiebung des Transmissionsminimums zu kleineren Energien bei Vergrößerung der Periodizität ist in Analogie zu Ref. [75] eine deutliche Erhöhung der Modulation zu beobachten.

bei der Probenserie B mit einer Golddicke von $t = 14{,}5\,\text{nm}$. Auch die Verschiebung der ausgeprägten Minima sowie die Herausbildung neuer Strukturen mit zunehmendem Einfallswinkel ist bei der Probenserie A deutlicher erkennbar. Somit zeigen die SWHAs in der dünneren Goldschicht ($t = 14{,}5\,\text{nm}$) lediglich eine sehr schwache Abhängigkeit vom Einfallswinkel. Dies ist besonders für die Probe mit der kleinsten Periodizität (B1: $P = 250\,\text{nm}$, $d = 150\,\text{nm}$, $t = 14{,}5\,\text{nm}$) sowohl bei der parallel zu den Achsen des SWHAs ausgerichteten Einfallsebene ($\alpha = 0°$) als auch bei der um 45° gedrehten Orientierung deutlich erkennbar. Allgemein bleibt festzuhalten, dass, in Übereinstimmung mit den im vorigen Abschnitt vorgestellten Ergebnissen der Probe der Serie R, die unter dem Azimutalwinkel $\alpha = 45°$ aufgenommenen Transmissionsspektren eine deutlich weniger ausgeprägte Abhängigkeit vom Einfallswinkel zeigen als die Spektren, bei denen die Einfallsebene parallel zu den Achsen des SWHAs verläuft. Dieses Verhalten entspricht der analytisch berechneten Dispersionsrelation (siehe Abb. 7.5), bei der die $(\pm 1, \pm 1)$-Zweige deutlich flacher verlaufen als die $(\pm 1, 0)$-Zweige.

Um die Abhängigkeit der Transmission durch die SWHAs von der Periodizität zu verdeutlichen, sind in Abbildung 7.7 (a) und (b) die Transmissionsspektren der Probenserien A und B übereinander dargestellt. Neben der Verschiebung des Transmissionsminimums zu kleineren Energien bei Vergrößerung der Periodizität ist eine deutliche Erhöhung der Modulation zu beobachten. Dieses Verhalten entspricht den Beobachtungen von Kofke et al. [75] an periodisch angeordneten Ringstrukturen.

7 Ergebnisse und Diskussion

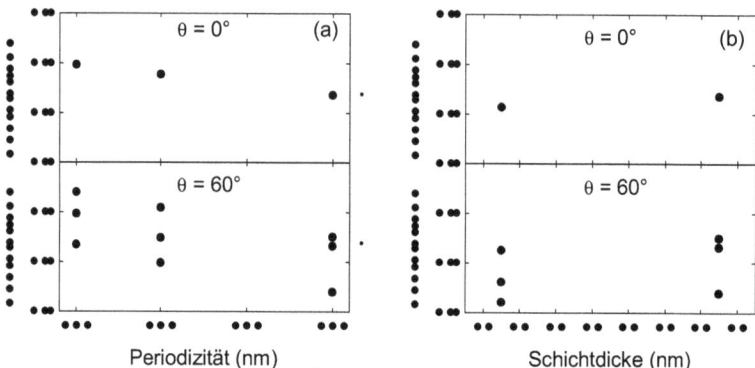

Abb. 7.8: Abbildung (a) zeigt die mit einer Vergrößerung der Periodizität einhergehende Rotverschiebung der Minima in den Transmissionsspektren bei einem Azimut von $\alpha = 0°$ und einem Einfallswinkel von $\theta = 0°$ bzw. $\theta = 60°$ exemplarisch für die Proben der Serie A ($t = 20{,}5\,\text{nm}$). Dabei nimmt die Energie linear mit zunehmender Periodizität ab. Dies gilt nicht nur für die hier dargestellte Orientierung der Einfallsebene parallel zu den Achsen des Arrays, sondern gleichermaßen auch für die um 45° gedrehte Geometrie. Die energetischen Positionen der Transmissionsminima des SWHAs mit $P = 300\,\text{nm}$ sind in Abb. 7.6 durch Pfeile dargestellt. In Abbildung (b) ist die erwartete Blauverschiebung der Transmissionsminima bei einer Erhöhung der Schichtdicke dargestellt. Hierfür wurden die Transmissionsspektren bei $\alpha = 0°$ der Proben mit der Periodizität von 400 nm betrachtet.

Zur besseren Analyse sind in Abbildung 7.8 (a) die energetischen Positionen der Transmissionsminima der Probenserie A bei einem Azimutalwinkel von $\alpha = 0°$ für die Einfallswinkel $\theta = 0°$ sowie $\theta = 60°$ gegen die Periodizität aufgetragen. So entsprechen z. B. die drei Punkte bei $P = 300\,\text{nm}$ den durch die Pfeile in Abbildung 7.6 markierten Minima der Probe A2. Wie zu erkennen ist, nimmt die Energie mit zunehmender Periodizität ab. Eine entsprechende Rotverschiebung mit zunehmender Periodizität ist bereits von Spaltarrays und, wie bereits erwähnt, von periodisch angeordneten Ringstrukturen bekannt [71, 75]. In Abbildung 7.8 (b) ist die Abhängigkeit der Resonanzenergien der Oberflächenplasmonen, d. h. die energetische Position der Transmissionsminima der Proben A3 ($P = 400\,\text{nm}$, $d = 225\,\text{nm}$, $t = 20{,}5\,\text{nm}$) und B3 ($P = 400\,\text{nm}$, $d = 240\,\text{nm}$, $t = 14{,}5\,\text{nm}$), gegen die Schichtdicke aufgetragen. Wiederum wurden für die Darstellung die Einfallswinkel $\theta = 0°$ und $\theta = 60°$ sowie der Azimutalwinkel $\alpha = 0°$ gewählt. Wie aus der Theorie (siehe Abb. 4.9) und anhand von Transmissionsmessungen an SWHAs in optisch dicken Filmen (siehe Kap. 5.1 sowie Ref. [29]) erwartet, führt eine Erhöhung der Schichtdicke zu einer deutlichen Blauverschiebung der Resonanzenergie der hier angeregten kurzreichweitigen SP-Mode.

7.1 Transmissionsmessungen

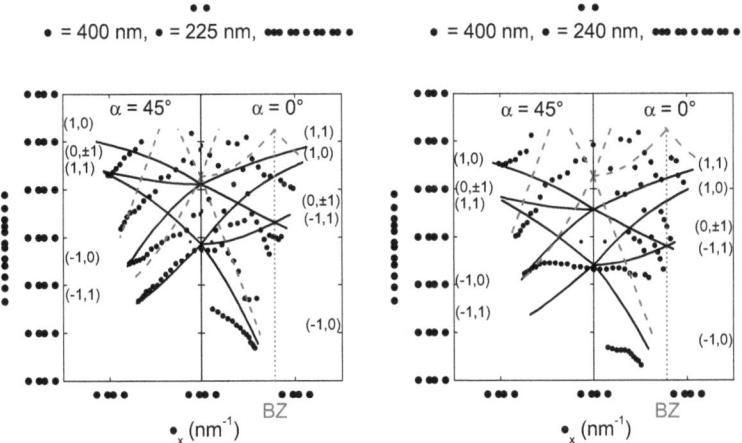

Abb. 7.9: Die energetischen Positionen der Transmissionsminima der Proben A3 und B3 (Punkte) zeigen eine deutlich schlechtere Übereinstimmung mit der analytisch berechneten Dispersionsrelation (durchgezogenen Linien). Die verschiedenen Zweige entsprechen unterschiedlichen Sets von (m, n). Zusätzlich ist die Grenze der Brillouin-Zone (BZ) bei $k_x = \pi/P = 0{,}0079\,\mathrm{nm}^{-1}$ sowie die Lage der Woodschen Anomalien (gestrichelte Linie) eingezeichnet.

Somit muss die im vorigen Abschnitt aufgeführte Liste der optischen Eigenschaften der Subwavelength Hole Arrays um zwei Punkte erweitert werden:

- Rotverschiebung der Transmissionsminima bei Vergrößerung der Periodizität,
- Blauverschiebung der Transmissionsminima bei Zunahme der Schichtdicke.

Beide Verhaltensweisen lassen sich mit der Anregung von stark gedämpften, kurzreichweitigen Oberflächenplasmonen im Subwavelength Hole Array erklären. Zu den gleichen Ergebnissen gelangt man unter Verwendung des analytischen Modells. Dieses Modell (Gl. 4.18) sagt ebenfalls eine Verschiebung der Transmissionsminima zu kleineren Energien bei Vergrößerung der Periodizität sowie eine Verschiebung der Transmissionsminima zu größeren Energien bei Vergrößerung der Schichtdicke voraus. Allerdings zeigt das Modell, dass die Verschiebung der Transmissionsminima in Abhängigkeit von der Periodizität nicht linear ist, wie es durch Abbildung 7.8 suggeriert wird. Allgemein lässt sich anhand von Abbildung 7.9 feststellen, dass die Übereinstimmung der energetischen Positionen der Transmissionsminima (Punkte) mit der analytisch berechneten Dispersionsrelation (durchgezogene Linien) bei den Proben der Serien A und B weniger gut ist als bei der Probe der Serie R. Da die einfache analytische Formel zur exakten Beschreibung

7 Ergebnisse und Diskussion

der Proben der Serien A und B nicht mehr ausreicht, muss auf genauere Simulationen zurückgegriffen werden, bei denen nicht nur Periodizität und Schichtdicke, sondern auch Lochform und Lochdurchmesser eingehen. Damit spielen offensichtlich auch diese Parameter eine nicht zu vernachlässigende Rolle.

7.1.2 Vergleich der Messergebnisse mit Simulationen

Wie bereits im vorigen Abschnitt erwähnt, reicht die einfache analytische Formel zur Beschreibung der optischen Antwort der Proben der Serien A und B nicht mehr aus. Daher wurden von T. Weiss im Rahmen einer Kooperation mit dem 4. Physikalischen Institut der Universität Stuttgart entsprechende Simulationen durchgeführt. Diese Simulationen basieren auf der Fourier-Modalen Methode (Fourier Modal Method, FMM). Dabei wird die dreidimensionale Struktur in Schichten zerlegt, welche in der Ebene eine periodische Modulation aufweisen, außerhalb der Ebene aber invariant sind. Für jede Schicht werden die Maxwell-Gleichungen unter Verwendung von Floquet-Bloch-Moden gelöst. Anschließend werden sämtliche Schichten unter Berücksichtigung der Randbedingungen kombiniert. Mit Hilfe des Streumatrix-Formalismus lassen sich die optischen Eigenschaften der gesamten Struktur ableiten. Durch die hier verwendete Methode der adaptiven räumlichen Auflösung [145] lassen sich die runden Strukturen der Löcher perfekt beschreiben, ohne die Rechenleistung zu sehr zu erhöhen. Eine gute räumliche Auflösung ist wegen des großen Unterschieds im Brechungsindex von Metall und Dielektrikum unerlässlich. Um die gemessenen Transmissionsspektren direkt mit den theoretischen Simulationen vergleichen zu können, wurden für die Berechnungen die der Probe A3 entsprechenden Parameter ($P = 400$ nm, $d = 225$ nm, $t = 20{,}5$ nm) gewählt. Zudem wurde für eine möglichst exakte Übereinstimmung die dielektrische Funktion des $20{,}5$ nm dicken geschlossenen Goldfilms verwendet. Die Berechnung der Streuparameter erfolgte unter verschiedenen Einfalls- und Azimutalwinkeln sowie für verschiedene Polarisationszustände des einfallenden Lichts. Die aus der Streumatrix erhaltenen Transmissionsspektren sind zusammen mit den gemessenen Kurven in Abbildung 7.10 für die Azimutalwinkel $\alpha = 0°$ und $\alpha = 45°$ dargestellt. Auf den ersten Blick ist erkennbar, dass die simulierten Spektren deutlich schärfere Strukturen aufweisen als die gemessenen Spektren. Diese Abweichung lässt sich durch die Betrachtung der genauen Lochform erklären. Wie bereits erwähnt, basiert die Simulation auf einer Zerlegung der dreidimensionalen Probe in Schichten, innerhalb derer sich die Struktur periodisch wiederholt. Anhand von Rasterelektronenmikroskop-Aufnahmen (siehe Abb. 7.11) lässt sich dagegen zeigen, dass bei sämtlichen Proben kleinere Abweichungen hinsichtlich der Lochgröße sowie der Lochform auftreten, sodass die Löcher schwerlich als eindeutig rund oder eindeutig eckig beschrieben werden können. Dennoch scheint

7.1 Transmissionsmessungen

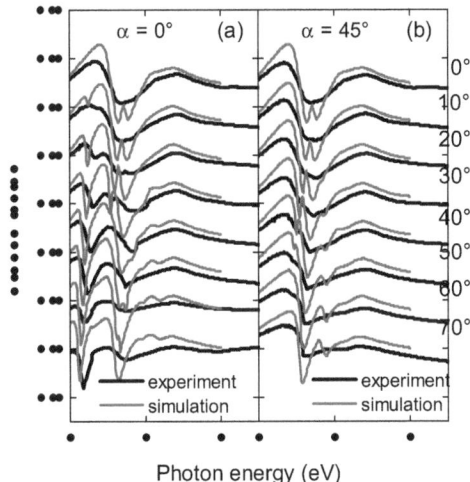

Abb. 7.10: Vergleich der gemessenen Transmissionsspektren der Probe A3 ($P = 400\,\text{nm}$, $d = 225\,\text{nm}$, $t = 20{,}5\,\text{nm}$) mit Simulationen mit denselben Parametern sowohl für $\alpha = 0°$ (Abb. (a)) als auch für $\alpha = 45°$ (Abb. (b)) für verschiedene Einfallswinkel θ. Die für quadratische Löcher simulierten Transmissionsspektren weisen im Vergleich zu den gemessenen Kurven deutlich schärfere Strukturen auf. In beiden Teilabbildungen sind die unter verschiedenen Einfallswinkeln gemessenen Kurven jeweils um einen Offset von 0,4 zueinander verschoben.

Abb. 7.11: Die Rasterelektronenmikroskop-Aufnahmen der Probe A3 zeigt deutlich, dass der Lithographie-Prozess zu kleinen Unregelmäßigkeiten in der Struktur führt. So zeigt vor allem die Form der einzelnen Löcher, aber auch der Lochdurchmesser, Abweichungen innerhalb einer Probe. Insofern lassen sich die Löcher schwerlich als eindeutig rund oder eindeutig eckig beschreiben. Eine der Realität eher entsprechende Form wäre eine Kombination aus vier Kreisbögen (schwarze Umrandung).

7 Ergebnisse und Diskussion

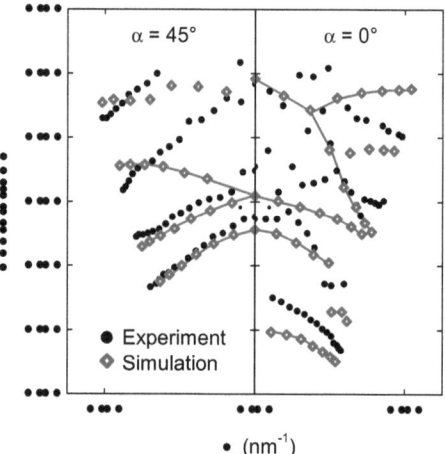

Abb. 7.12: Der Vergleich zwischen den energetischen Positionen der Transmissionsminima der Probe A3 (Punkte) und den aus den für quadratische Löcher simulierten Spektren abgelesenen Positionen (graue Rauten) zeigt die gute Übereinstimmung von Simulation und Experiment vor allem bei niedrigen Energien. Die Abweichungen im höherfrequenten Bereich lassen sich mit den wenig ausgeprägten und dementsprechend verschwommenen Strukturen in diesem Spektralbereich erklären.

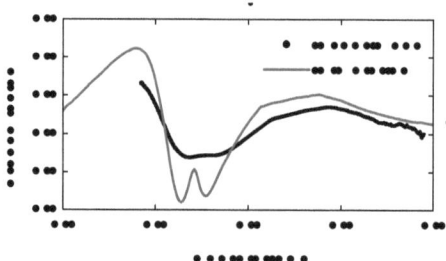

Abb. 7.13: Die Transmissionsmessung nach Reduzierung des Strahldurchmessers auf $d_{\text{Strahl}} = 100\,\mu\text{m}$ zeigt ein schwach ausgebildetes lokales Maximum bei 1,75 eV. Für eine bessere Übereinstimmung mit der Simulation (graue Kurve) müsste die Qualität der Probe über einen verbesserten Lithographie-Prozess deutlich erhöht werden.

7.1 Transmissionsmessungen

die Beschreibung über eckige Löcher der Realität eher zu entsprechen als die Verwendung komplett runder Löcher. Ein Vergleich beider Simulationen mit den gemessenen Werten zeigt eine gute Übereinstimmung für die unter Verwendung eckiger Löcher berechneten Transmissionsspektren, während man bei den Simulationen mit runden Löchern zwar die gleiche Anzahl an Absorptionspeaks erhält, welche allerdings zu große Absorptionswerte aufweisen und damit zu deutlich tieferen Transmissionsminima führen, als aufgrund der Messungen zu erwarten ist. Die Simulationen mit quadratischen Löchern liefern dagegen eine gute Übereinstimmung mit den gemessenen Transmissionsspektren (siehe Abb. 7.10) bezüglich der Anzahl und der Schärfe der Minima, wobei, wie bereits erwähnt, berücksichtigt werden muss, dass bei den Messungen sämtliche Strukturen verwaschen erscheinen. Hinsichtlich der Position der Transmissionsminima muss man feststellen, dass sämtliche in der Simulation vorhergesagten Minima im Vergleich zu den gemessenen Werten zu tieferen Energien verschoben sind. Allerdings muss auch darauf hingewiesen werden, dass die Differenz von maximal 0,1 eV sehr gering ist. Somit liefern die Simulationen unter Verwendung eckiger Löcher eine gute Übereinstimmung mit den Messungen[4]. Auch die Absolutwerte der Transmission lassen sich durch die Simulationen gut wiedergeben. Betrachtet man die Dispersionsrelationen (siehe Abb. 7.12), d. h. die Auftragungen der energetischen Positionen der Transmissionsminima gegen den Wellenvektor für die FMM-Simulation im Vergleich zu den experimentell erhaltenen Werten, so erkennt man auch hier die vor allem bei niedrigen Energien ausgeprägte gute Übereinstimmung von Simulation und Experiment. Die Abweichungen im höherfrequenten Bereich lassen sich mit den wenig ausgeprägten Strukturen in diesem Spektralbereich erklären, was die Bestimmung der exakten Position der Minima erschwert.

Einen weiteren Grund für die in der Messung schlecht aufgelösten Strukturen liefert die Größe des Lichtflecks auf der Probe. Mit $d_{Strahl} = 200\,\mu m$ ist der Strahldurchmesser des einfallenden Lichts so groß, dass selbst unter senkrechtem Lichteinfall etwa 500 Perioden abgedeckt werden, d. h. bei den Messungen wird über eine sehr große Anzahl an Löchern, und damit auch über verschiedene Lochdurchmesser und Lochformen, gemittelt. Eine Reduzierung des Strahldurchmessers auf $d_{Strahl} = 100\,\mu m$ liefert zwar bei senkrechtem Lichteinfall eine etwas bessere Auflösung der Struktur im Bereich um 1,75 eV (siehe Abb. 7.13), dennoch reicht es nicht aus, um sämtliche Strukturen auch bei größeren Einfallswinkeln sichtbar zu machen[5]. In dieser Hinsicht ist eine höhere Probenqualität für eine Verbesserung der Übereinstimmung von

---

[4] Vermutlich ließen sich die Ergebnisse verbessern, wenn statt eindeutig eckigen oder eindeutig runden Löchern eine Zwischenstufe verwendet werden würde. Erste Simulationen, die auf der Beschreibung der Lochform durch eine Kombination aus vier Kreisbögen basieren (schwarze Umrandung in Abb. 7.11), zeigen bereits viel versprechende Resultate.
[5] Diese Transmissionsmessung wurde im 4. Physikalischen Institut mit C. Bauer durchgeführt.

7 Ergebnisse und Diskussion

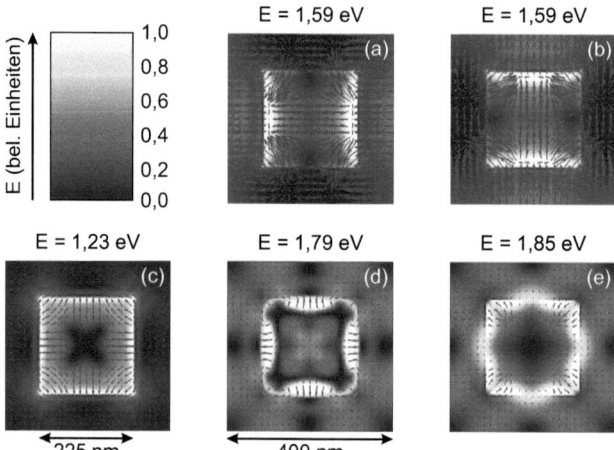

Abb. 7.14: Elektrische Feldverteilung in den als quadratisch angenommenen Löchern eines Subwavelength Hole Arrays bei $\theta = 0°$. Die für die FMM-Simulation verwendeten Parameter entsprechen denen der Probe A3 ($P = 440$ nm, $d = 225$ nm, $t = 20{,}5$ nm). Anhand des in dieser Simulation berechneten Energieflusses (Pfeile) wird deutlich, dass neben der entarteten optisch aktiven Mode bei einer Energie von 1,59 eV (Abb. (a) und (b)) auch optisch inaktive Moden bei niedrigeren und höheren Energien (Abb. (c) bis (e)) auftreten.

Simulation und Experiment unabdingbar.

Durch FMM-Simulationen lassen sich die einzelnen innerhalb eines Loches auftretenden Moden eines Subwavelength Hole Arrays mit $P = 440$ nm, $d = 225$ nm und $t = 20{,}5$ nm graphisch darstellen. Abbildung 7.14 zeigt die unter Verwendung eckiger Löcher berechnete elektrische Feldverteilung (Farbcodierung) sowie den Energiefluss (Pfeile) für verschiedene Energien bei senkrechtem Lichteinfall. Die optisch aktive Mode bei einer berechneten Energie von 1,59 eV (siehe Abb. 7.14 (a) und (b)) ist entartet und zeichnet sich durch Maxima bzw. Minima im elektrischen Feld sowie einem Energiefluss parallel zu den Hauptachsen des Subwavelength Hole Arrays aus. Zusätzlich wird anhand dieser Simulationen deutlich, dass neben der entarteten, optisch aktiven Mode auch optisch inaktive Moden ohne nennenswerten Energiefluss bei niedrigeren und höheren Energien (siehe Abb. 7.14 (c) bis (e)) auftreten. Da die optisch inaktiven Moden als nicht-strahlende Moden keinen Einfluss auf das Transmissionsspektrum haben, sind an den diesen Moden entsprechenden energetischen Positionen keine Transmissionsminima zu beobachten.

7.2 Müller-Matrix-Ellipsometrie

Da sich Subwavelength Hole Arrays aufgrund der in Kapitel 7.1 diskutierten $\vec{k}$-Abhängigkeit nicht durch effektive optische Parameter beschreiben lassen, wurde eine neue Möglichkeit zur Darstellung der komplexen optischen Antwort der SWHAs gewählt. Dabei liegt der Schwerpunkt der Betrachtung auf der Probe A3 mit $P = 400$ nm, $d = 225$ nm und $t = 20{,}5$ nm, da diese Probe die größte Abhängigkeit der Transmission von Einfallswinkel und Azimut zeigt (siehe Abb. 7.6). Daher ist auch im Hinblick auf die ellipsometrischen Messungen bei dieser Probe der größte Effekt zu erwarten. Für Darstellungen bei konstanter Energie wurde hauptsächlich eine Energie von 1,2 eV gewählt, da die Resonanzenergie für große Einfallswinkel, wie sie in der Ellipsometrie vorwiegend verwendet werden, um diesen Wert variiert. Die im Folgenden präsentierten Ergebnisse sind in Ref. [53] zusammengefasst.

Wie in Kapitel 3.3.2 diskutiert, liefert die Müller-Matrix eine komplette Beschreibung der optischen Antwort eines Systems. Zur vollständigen Charakterisierung der Subwavelength Hole Arrays wurden daher die Müller-Matrix-Elemente $m_{ij}(\alpha, \theta, \omega)$ der einzelnen SWHAs über nahezu den gesamten Winkelbereich und in Abhängigkeit der Frequenz ellipsometrisch[6] bestimmt. Bei sämtlichen in diesem Abschnitt vorgestellten Messungen erstreckt sich der Azimut über den gesamten Bereich von 0° bis 360°, während der Einfallswinkel aufgrund der Reflexionsgeometrie auf den Bereich zwischen 20° und 72° beschränkt wurde. In allen Darstellungen sind die einzelnen Müller-Matrix-Elemente auf das Element m_{00} normiert.

Auch hier wurde zunächst ein 20 nm dicker geschlossener Goldfilm zum späteren Vergleich mit den Ergebnissen der ellipsometrischen Messungen an den Subwavelength Hole Arrays untersucht. In Abbildung 7.15 sind die bei einer Energie von 2,0 eV gemessenen Müller-Matrix-Elemente m_{01} bis m_{23} des 20 nm dicken Goldfilms für zwei verschiedene Azimutalwinkel ($\alpha = 0°, 70°$) in Abhängigkeit vom Einfallswinkel dargestellt. Wie für isotrope Proben erwartet, zeigen alle Elemente außer den Diagonalelementen (m_{11}, m_{22}) und den Elementen, welche die lineare Polarisation in x- und y-Richtung beeinflussen (m_{01}, m_{10}, m_{23}), einen konstanten Wert von Null. Die Messwerte liegen dabei unter 10^{-4}. Zudem sind sämtliche Elemente unabhängig vom Azimut. Die Außerdiagonalelemente m_{01}, m_{10}, m_{23} nehmen mit zunehmendem Einfallswinkel mehr oder weniger stark ab bzw. zu und nähern sich am Pseudo-Brewster-Winkel (dieser beträgt für einen 20 nm dicken geschlossenen Goldfilm auf Quarz bei einer Energie 2,0 eV ca. 69°) dem Minimal- bzw. Maximalwert an. Die Diagonalelemente verhalten sich den Erwartungen für

---

[6] Die Verwendung des auf einem rotierenden Analysator basierenden Variable Angle Spectroscopic Ellipsometers (VASE) der Firma J. A. Woollam liefert lediglich Informationen über die Elemente m_{01} bis m_{23}. Doch auch ohne Kenntnis der letzten Zeile der Müller-Matrix lassen sich wesentliche Aussagen über die optischen Eigenschaften der Subwavelength Hole Arrays machen.

7 Ergebnisse und Diskussion

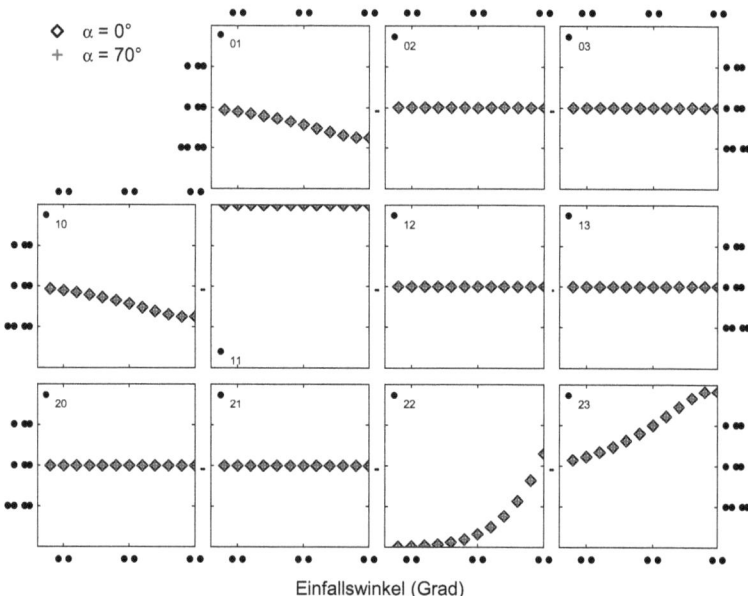

Abb. 7.15: Auf das Element m_{00} normierte Müller-Matrix-Elemente m_{01} bis m_{23} des 20 nm dicken Goldfilms für zwei verschiedene Azimutalwinkel ($\alpha = 0°$, $70°$) in Abhängigkeit vom Einfallswinkel für eine Energie von 2,0 eV. Alle Elemente außer den Diagonalelementen (m_{11}, m_{22}) und den Elementen, welche die lineare Polarisation in x- und y-Richtung beeinflussen (m_{01}, m_{10}, m_{23}), zeigen einen konstanten Wert von Null. Die Außerdiagonalelemente m_{01}, m_{10}, m_{23} nehmen am Pseudo-Brewster-Winkel von 69° den Minimal- bzw. Maximalwert an.

einen isotropen Metallfilm gemäß. Das Element m_{11} weist über den gesamten Winkelbereich einen konstanten Wert von Eins auf, das Element m_{22} steigt von -1,0 bei $\theta = 20°$ auf 0,2 bei $\theta = 75°$ an. Sämtliche Beobachtungen stimmen perfekt mit einer auf Literaturwerten für dünne Goldfilme [64] basierenden Simulation überein.

Vergleicht man diese Beobachtungen mit den Ergebnissen eines bei ähnlichen Einstellungen ($\alpha = 0°$, $45°$, $70°$; $E = 1{,}2$ eV) gemessenen Subwavelength Hole Arrays (siehe Abb. 7.16), so zeigt sich, dass das SWHA, je nach Azimut, eine unterschiedliche Abhängigkeit der einzelnen Müller-Matrix-Elemente vom Einfallswinkel aufweist. Die Abhängigkeit vom Azimut wurde bereits anhand von Transmissionsmessungen (siehe Kap. 7.1) festgestellt. Während die Außerdiagonalelemente m_{02}, m_{03}, m_{12} und m_{13} sowie deren „Spiegelbilder" m_{20}, m_{21} bei einem Azimutalwinkel von 0° oder 45° nahezu Null und damit vergleichbar mit den entsprechenden

7.2 Müller-Matrix-Ellipsometrie

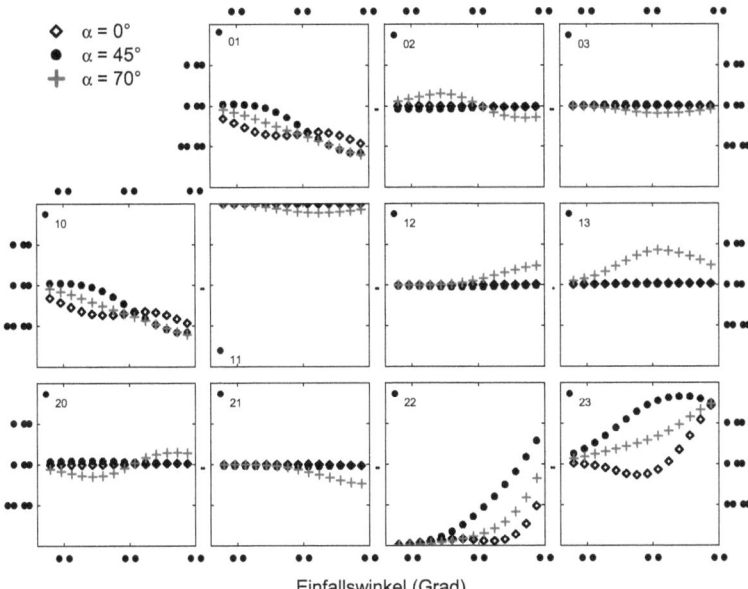

Abb. 7.16: Müller-Matrix-Elemente m_{01} bis m_{23} des SWHAs mit $P = 400$ nm, $d = 225$ nm und $t = 20{,}5$ nm für die Azimutalwinkel $\alpha = 0°$, $45°$, $70°$ in Abhängigkeit vom Einfallswinkel für eine Energie von 1,2 eV. Bei $\alpha = 70°$ weisen alle Elemente von Null verschiedene Werte auf, während bei $\alpha = 0°$, $45°$ die Elemente m_{02}, m_{03}, m_{12}, m_{13}, m_{20} und m_{21} nahezu Null sind und damit denen des geschlossenen Goldfilms ähneln. Die übrigen Elemente, mit Ausnahme des Elements m_{11}, weisen dagegen eher bei $\alpha = 70°$ eine gewisse Ähnlichkeit mit den entsprechenden Elementen des geschlossenen Films auf.

Elementen des geschlossenen Goldfilms sind, weisen bei einem Azimut von $\alpha = 70°$ alle Elemente von Null verschiedene Werte auf. Genauso resultieren beim Müller-Matrix-Element m_{11} die Azimutalwinkel $\alpha = 0°$ und $\alpha = 45°$ analog zum entsprechenden Element des geschlossenen Goldfilms in einem konstanten Wert von Eins, während das Ergebnis bei $\alpha = 70°$ leicht davon abweicht. Anders ist die Situation bezüglich der auf die lineare Polarisation in x- und y-Richtung wirkenden Elemente (m_{01}, m_{10}, m_{23}) und des Diagonalelements m_{22}. Hierbei zeigt sich für einen Azimut von $\alpha = 70°$ eine gewisse Ähnlichkeit mit den Ergebnissen des geschlossenen Goldfilms (siehe Abb. 7.15), während die Resultate bei $\alpha = 0°$ und $\alpha = 45°$ deutliche Unterschiede zum geschlossenen Film aufweisen.

Um die Abhängigkeit der einzelnen Müller-Matrix-Elemente vom Azimut zu verdeutlichen, sind in Abbildung 7.17 die bei einer Energie von 1,2 eV gemessenen Elemente exemplarisch für

7 Ergebnisse und Diskussion

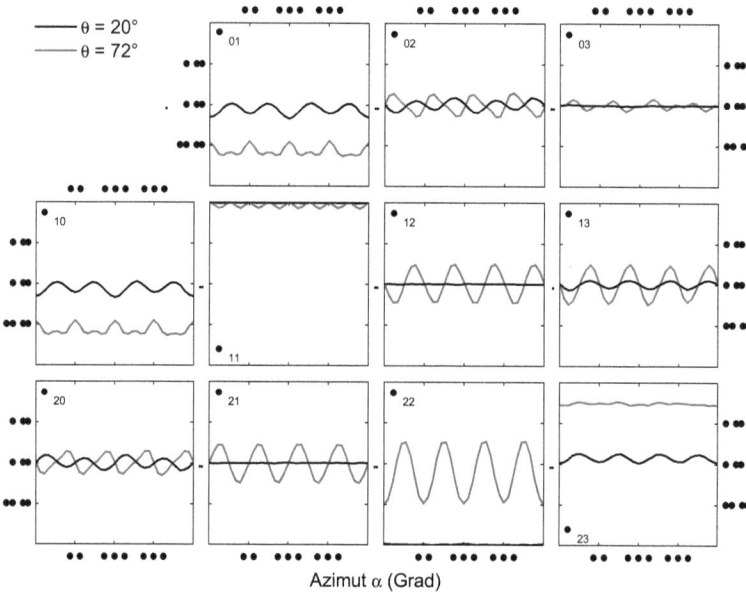

Abb. 7.17: Müller-Matrix-Elemente m_{01} bis m_{23} des SWHAs mit $P = 400\,\text{nm}$, $d = 225\,\text{nm}$ und $t = 20{,}5\,\text{nm}$ für zwei verschiedene Einfallswinkel ($\theta = 20°$, $72°$) in Abhängigkeit vom Azimut bei einer Energie von 1,2 eV. Die Strukturen eines jeden Elements wiederholen sich alle $90°$. Sämtliche Außerdiagonalelemente mit Ausnahme derer, die auf die lineare Polarisation in x- und y-Richtung wirken, weisen alle $45°$ einen Nulldurchgang auf. Dies ist für alle Einfallswinkel charakteristisch.

zwei Einfallswinkel ($\theta = 20°$ und $\theta = 72°$) aufgetragen. Sämtliche Elemente zeigen nach einer Azimutdrehung von $90°$ eine Wiederholung in der Struktur. Dennoch erkennt man auch hier ein unterschiedliches Verhalten der Diagonalelemente m_{11}, m_{22} und der die lineare Polarisation in x- und y-Richtung beeinflussenden Elemente (m_{01}, m_{10}, m_{23}) im Vergleich zu den restlichen Außerdiagonalelementen m_{02}, m_{03}, m_{12}, m_{13}, m_{20} und m_{21}. Nur die Außerdiagonalelemente m_{02}, m_{03}, m_{12}, m_{13}, m_{20} und m_{21} weisen einen Nulldurchgang alle $45°$ auf, der über den gesamten Einfallswinkelbereich von $20°$ bis $72°$ beobachtet werden kann. Dagegen liegen die unter den beiden Einfallswinkeln gemessenen Werte der übrigen Müller-Matrix-Elemente deutlich auseinander. Auch hier ist die bereits angesprochene Abhängigkeit der einzelnen Elemente vom Azimut je nach Einfallswinkel gut erkennbar. Während die Elemente bei $\theta = 20°$ eine relativ symmetrische Modulation mit zunehmendem Einfallswinkel aufweisen, zeigt sich bei $\theta = 72°$ in einigen Elementen eine starke Asymmetrie.

7.2 Müller-Matrix-Ellipsometrie

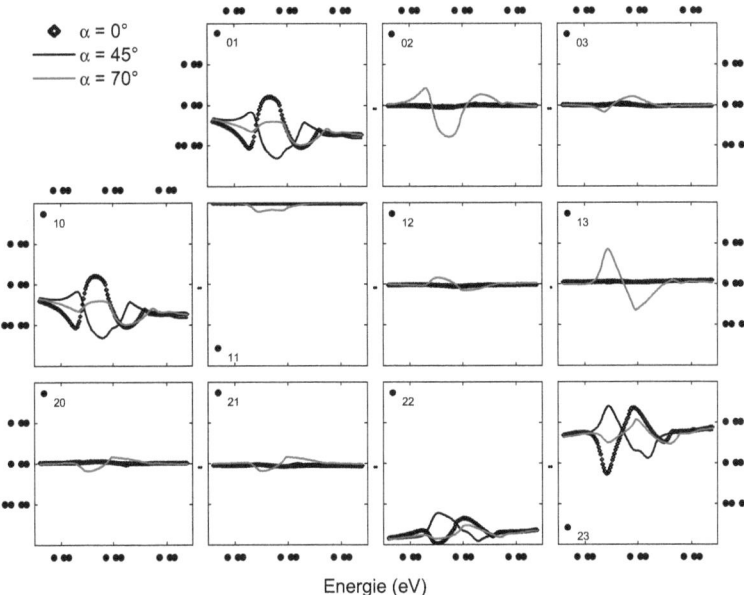

Abb. 7.18: Abhängigkeit der Müller-Matrix-Elemente eines SWHAs mit $P = 400\,\text{nm}$, $d = 225\,\text{nm}$ und $t = 20{,}5\,\text{nm}$ unter $\theta = 45°$ und $\alpha = 0°$, $45°$, $70°$ von der Energie. Sämtliche Elemente zeigen einen konstanten Verlauf ober- und unterhalb der Resonanzstelle, unabhängig vom Azimut. Im Bereich der Resonanzstelle weisen die Außerdiagonalelemente m_{02}, m_{03}, m_{12}, m_{13}, m_{20} und m_{21} sowie das Diagonalelement m_{11} für $\alpha = 0°$, $45°$ einen über den gesamten Frequenzbereich konstanten Wert von nahezu Null bzw. Eins auf, während die übrigen Elemente je nach Azimut einen deutlich unterschiedlichen Verlauf zeigen.

Neben der Abhängigkeit vom Einfallswinkel und vom Azimut spielt auch die Frequenzabhängigkeit eine wichtige Rolle. In Abbildung 7.18 sind die unter einem Einfallswinkel von $\theta = 45°$ gemessenen Müller-Matrix-Elemente für verschiedene Azimutalwinkel ($\alpha = 0°$, $45°$, $70°$) gegen die Energie aufgetragen dargestellt. Sämtliche Elemente zeigen einen konstanten Verlauf ober- und unterhalb der Resonanzstelle, unabhängig vom Azimut. Im Bereich der Resonanzstelle wird wieder die bereits vorher erwähnte Zweiteilung der Elemente sichtbar. Die Außerdiagonalelemente m_{02}, m_{03}, m_{12}, m_{13}, m_{20} und m_{21} sowie das Diagonalelement m_{11} weisen für $\alpha = 0°$ und $\alpha = 45°$ einen über den gesamten Frequenzbereich konstanten Wert von nahezu Null bzw. Eins auf. Dagegen zeigen die übrigen Elemente je nach Azimut im Bereich der Resonanzstelle einen deutlich unterschiedlichen Verlauf.

7 Ergebnisse und Diskussion

7.2.1 Darstellung in Polarkoordinaten

Eine bessere Abbildungsmöglichkeit der hier diskutierten Beobachtungen bietet die Darstellung in Polarkoordinaten mit x = $\cos\alpha \sin\theta$ und y = $\sin\alpha \sin\theta$ [123]. Hierbei entspricht die radiale Komponente der Projektion des Wellenvektors des einfallenden Lichts auf die Probenoberfläche, $\vec{k}\sin\theta$, die polare Komponente entspricht dem Azimut α. Damit bietet diese Art der Darstellung einen sehr guten Überblick über die einzelnen Müller-Matrix-Elemente in Abhängigkeit von Einfalls- und Azimutalwinkel. Die auf diese Weise erhaltenen konoskopieähnlichen Bilder liefern Informationen über die Änderungen der einzelnen Polarisationszustände aufgrund der Wechselwirkung des Lichts mit der Probe. Bei sämtlichen in diesem Kapitel präsentierten Darstellungen gilt die Farbskalierung für alle Müller-Matrix-Elemente gleichermaßen. Um einen optimalen Kontrast zu erhalten, wurden die einzelnen Elemente, wenn nötig, gezielt vergrößert. Der entsprechende Vergrößerungsfaktor ist in der rechten unteren Ecke eines jeden Elements angegeben.

In Abbildung 7.19 sind die bei einer Energie von 2,0 eV gemessenen Müller-Matrix-Elemente des 20 nm dicken geschlossenen Goldfilms in Polarkoordinaten dargestellt. Wie für eine isotrope Probe zu erwarten ist und wie auch schon in der Abbildung 7.15 gesehen werden konnte, zeigen alle Müller-Matrix-Elemente außer den Diagonalelementen (m_{11}, m_{22}) und den Elementen, welche die lineare Polarisation in x- und y-Richtung beeinflussen (m_{01}, m_{10}, m_{23}), im gesamten Winkelbereich einen Wert von Null. Das Element m_{11} dagegen weist über den gesamten Winkelbereich einen konstanten Wert von Eins auf. Die Außerdiagonalelemente m_{01}, m_{10}, m_{23} zeigen, wie erwartet, einen mehr oder weniger intensiven Ring am Pseudo-Brewster-Winkel[7], völlig unabhängig vom Azimutalwinkel α. Dabei sind die Elemente m_{01} und m_{10} vollkommen identisch, was ebenfalls der Vorhersage für isotrope Proben entspricht. Zudem können auch diese Abbildungen unter Verwendung von Literaturwerten für dünne Goldfilme [64] mit perfekter Übereinstimmung zu den Messwerten simuliert werden.

Betrachtet man im Vergleich dazu die Polarkoordinatendarstellung der bei einer Energie von 1,2 eV gemessenen Müller-Matrix-Elemente eines Subwavelength Hole Arrays mit $P = 400$ nm, $d = 225$ nm und $t = 20,5$ nm (siehe Abb. 7.20), so stellt man deutliche Unterschiede in den einzelnen Elementen fest. Dabei fällt auf, dass die auf die lineare Polarisation in x- und y-Richtung wirkenden Elemente m_{01}, m_{10} und m_{23} aufgrund der Perforation nur leicht verändert werden, während die Elemente, welche die lineare Polarisation in $\pm 45°$ bzw. die zirkulare Polarisation beeinflussen (m_{02}, m_{20}, m_{13} bzw. m_{03}, m_{12}, m_{21}), sehr große Werte in den Bereichen zwischen den Hauptachsen und den Winkelhalbierenden des Gitters aufweisen. Im geschlossenen Goldfilm

---

[7] Wie bereits im vorigen Abschnitt erwähnt, beträgt der Pseudo-Brewster-Winkel für einen 20 nm dicken geschlossenen Goldfilm auf Quarz bei einer Energie 2,0 eV ca. 69°.

7.2 Müller-Matrix-Ellipsometrie

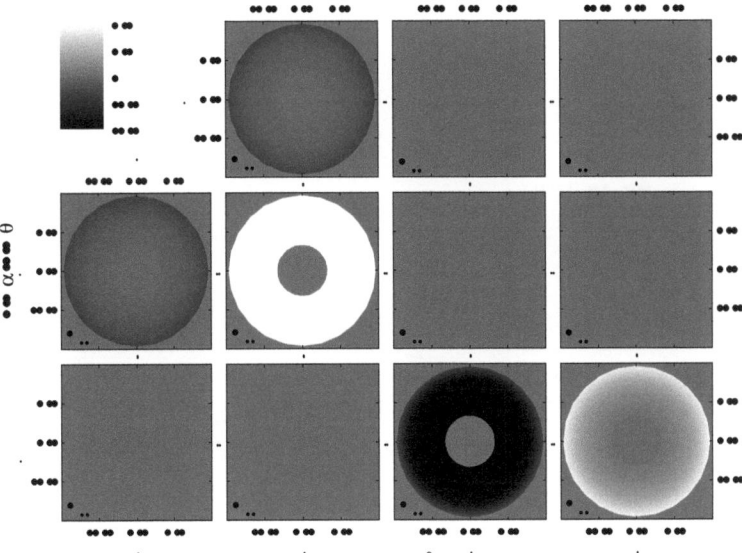

Abb. 7.19: Gemessene Müller-Matrix-Elemente eines 20 nm dicken geschlossenen Goldfilms bei einer Energie von 2,0 eV. Wie für eine isotrope Probe zu erwarten ist, weisen alle Außerdiagonalelemente, abgesehen von m_{01}, m_{10} und m_{23}, einen Wert von Null auf. Die übrigen Außerdiagonalelemente zeigen unabhängig vom Azimutalwinkel α einen mehr oder weniger intensiven Ring am Pseudo-Brewster-Winkel. Die Farbskala gilt für alle Elemente.

dagegen sind diese Elemente unabhängig von Einfallswinkel und Azimut Null, wie aus Abbildung 7.19 leicht zu erkennen ist.

Wie bereits soeben erwähnt und auch schon anhand der Abbildungen 7.16 und 7.17 diskutiert, zeigen sämtliche Müller-Matrix-Elemente eine definierte Struktur in Abhängigkeit von Einfallswinkel und Azimut. Die Außerdiagonalelemente m_{02}, m_{03}, m_{12}, m_{13}, m_{20} und m_{21} weisen bei Variation des Azimuts, unabhängig vom Einfallswinkel, alle 45° eine eindeutige Nullstelle auf. Diese Nullstellen entsprechen den Eigenzuständen der Müller-Matrix, an denen der Polarisationszustand des einfallenden Lichts nicht verändert wird. Entlang dieser Eigenzustände verhält sich somit ein Subwavelength Hole Array wie ein geschlossener Goldfilm. Auch die übrigen Elemente hängen stark von Einfallswinkel und Azimut ab und man erkennt deutlich die im vorigen Abschnitt bereits angesprochene vierzählige Symmetrie.

Bereits ohne weitere Analyse lässt sich anhand dieser Abbildung ableiten, dass Subwavelength Hole Arrays bei der Wechselwirkung mit Licht die verschiedenen Polarisationszustände des

7 Ergebnisse und Diskussion

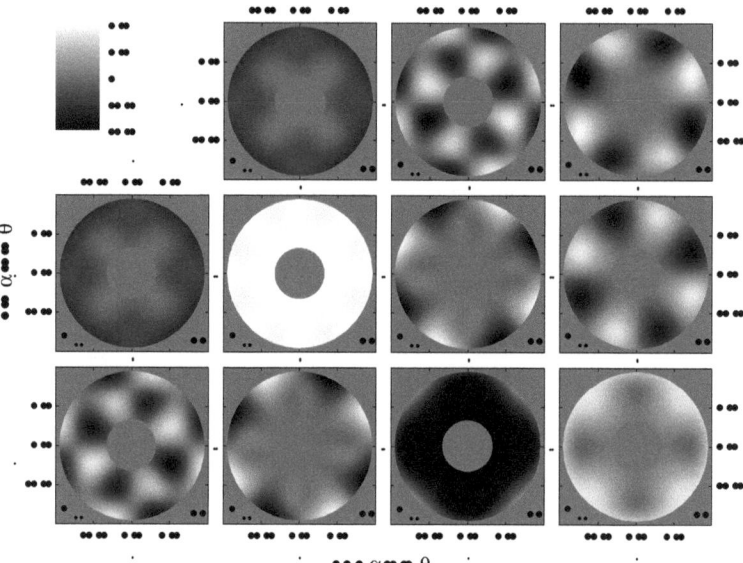

Abb. 7.20: Bei einer Energie von 1,2 eV gemessene Müller-Matrix-Elemente der Probe A3 mit $P = 400$ nm, $d = 225$ nm und $t = 20{,}5$ nm. Alle Elemente weichen deutlich von Null ab. Sowohl die Diagonal- als auch die Außerdiagonalelemente zeigen eine starke Abhängigkeit von Einfallswinkel und Azimut.

einfallenden Lichts in einer komplexen Art und Weise mischen. Auch die Unmöglichkeit der Beschreibung der optischen Antwort von SWHAs über rein dielektrische optische Parameter wird in der Müller-Matrix-Ellipsometrie deutlich. So weisen z. B. trikline Kristalle, bei denen sämtliche Achsen schiefwinklig zueinander stehen und die somit zu den aus optischer Sicht am schwierigsten zu analysierenden Systemen gehören, lediglich maximal vier Nullstellen in den Elementen m_{02}, m_{03}, m_{12}, m_{13}, m_{20} und m_{21} im kompletten Winkelbereich von $\alpha = 0°$ bis $\alpha = 360°$ auf [32, 36]. Während sich solche Proben mit Hilfe eines biaxialen Modells beschreiben lassen, ist dies für Subwavelength Hole Arrays mit bis zu acht Nullstellen nicht mehr möglich. Eine erst in den letzten Jahren im Zuge der Metamaterial-Forschung wieder aufgegriffene Erweiterung hinsichtlich der Beschreibung komplexer Strukturen beinhaltet eine Kombination des dielektrischen Tensors ε und des magnetischen Tensors μ in einem bianisotropen Modell. Wie in den Kapiteln 2.3 und 2.4 diskutiert, können Bianisotropie und räumliche Dispersion als äquivalent angesehen werden, solange die optische Antwort $\varepsilon(\omega, \vec{k})$ einer Probe linear vom

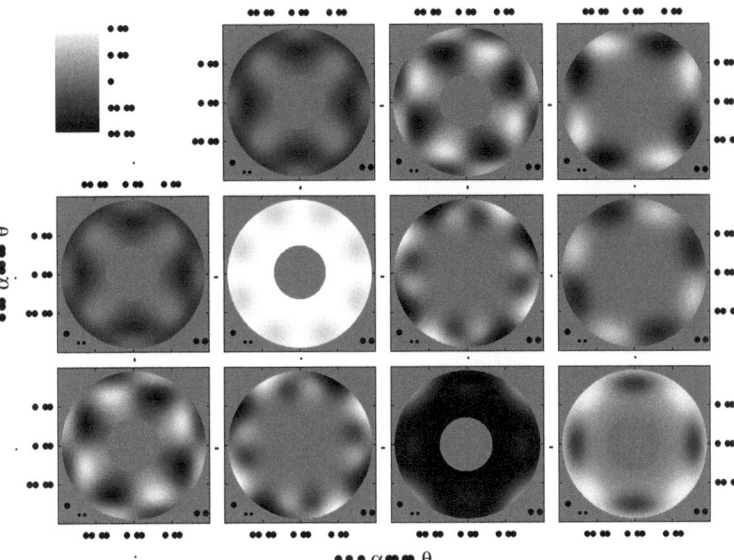

Abb. 7.21: Simulierte Müller-Matrix-Elemente mit den Parametern $P = 400$ nm, $d = 225$ nm, $t = 20{,}5$ nm, $E = 1{,}2$ eV. Jedes Element wurde im Bereich $\alpha = 0°$ bis $\alpha = 90°$ berechnet, der verbleibende Azimutalwinkelbereich bis $\alpha = 360°$ wurde extrapoliert. Im Vergleich zu den Messwerten sind die simulierten Elemente etwas kontrastreicher, ansonsten stimmen sie aber nahezu perfekt mit den gemessenen Müller-Matrix-Elemente überein.

Wellenvektor $\vec{k}$ abhängt. Aufgrund der vergleichbaren Größenordnung von Periodizität und Wellenlänge des eingestrahlten Lichts zeigen Subwavelength Hole Arrays eine starke räumliche Dispersion. Zudem weisen sie eine Inversionssymmetrie auf, was dazu führt, dass der quadratische Term in Gl. 2.32 nicht vernachlässigt werden darf. Dies macht allerdings das allgemeine Modell einer bianisotropen Probe, d. h. die Beschreibung der optischen Eigenschaften von SWHAs über effektive Parameter, unbrauchbar [128].

Erst durch Lösen der Maxwell-Gleichungen und unter Berücksichtigung sämtlicher Randbedingungen lassen sich die Müller-Matrix-Elemente von Subwavelength Hole Arrays mit einer sehr großen Genauigkeit simulieren. Die in Abbildung 7.21 dargestellten Elemente wurden unter Verwendung der Fourier-Modalen Methode mit Hilfe einer Streumatrix mit adaptiver räumlicher Auflösung für eine Energie von 1,2 eV berechnet [145]. Dabei wurden zunächst die Streuparameter für die einzelnen Einfallswinkel und Eingangspolarisationszustände simuliert.

7 Ergebnisse und Diskussion

Aus diesen Streuparametern erhält man durch Transformation die Müller-Matrix-Elemente[8]. Die hierfür verwendeten Strukturparameter entsprechen denen der Probe A3 mit $P = 440$ nm, $d = 225$ nm und $t = 20{,}5$ nm. Für eine exakte Übereinstimmung wurde zudem die dielektrische Funktion des 20,5 nm dicken geschlossenen Goldfilms verwendet. Zudem wurde die Form eines einzelnen Loches als Kombination aus vier Kreisbögen angenommen, da dies der tatsächlichen Lochform am ehesten entspricht (siehe Abb. 7.1). Abgesehen davon, dass die simulierten Müller-Matrix-Elemente einen etwas höheren Kontrast aufweisen als die gemessenen Elemente, ist die Übereinstimmung von Simulation und Experiment nahezu perfekt.

7.2.2 Depolarisationseffekte

Wie für eine Reflexions-Müller-Matrix erwartet, sind die Elemente m_{01} und m_{10} symmetrisch, die Elemente m_{02} und m_{20} sowie m_{12} und m_{21} antisymmetrisch. Bei einer genauen Betrachtung der Messwerte stellt man allerdings fest, dass kleinere Abweichungen von der erwarteten Symmetrie bzw. Antisymmetrie bestehen. In Kapitel 3.3.3 wurde bereits erwähnt, dass sich mögliche auftretende Depolarisationseffekte durch eine Asymmetrie in der Müller-Matrix bemerkbar machen. Außerdem ist bekannt, dass ein vollständig polarisierter Lichtstrahl unter senkrechtem Einfall nach Transmission durch ein SWHA immer noch vollständig polarisiert ist, während der Polarisationsgrad bei schrägem Lichteinfall deutlich abnimmt [5, 7, 47]. Daher wurde die Depolarisation des Subwavelength Hole Arrays frequenzabhängig bestimmt. Im Fall des SWHAs zeigt sich eine deutliche Abhängigkeit der Depolarisation von Einfallswinkel, Azimut und Energie, während die Depolarisation im Fall des geschlossenen Goldfilms über den gesamten Bereich einen Wert von Null aufweist. In Abbildung 7.22 ist die Depolarisation des SWHAs für die Azimutalwinkel $\alpha = 0°$ und $\alpha = 45°$ sowie für $\alpha = 20°$ für verschiedene Einfallswinkel frequenzabhängig dargestellt. Liegt die Einfallsebene parallel zu den Achsen des Arrays oder ist sie um 45° dazu verdreht, so beträgt die Depolarisation im gesamten Frequenzbereich nahezu Null, während sie für $\alpha = 20°$ auf bis zu 8% im Bereich um die Resonanzstelle ansteigt. Oberhalb dieser Energie dagegen ist die Depolarisation auch für den Azimut von $\alpha = 20°$ nahezu Null. Dies ist ein starkes Indiz dafür, dass auch die Depolarisation aufgrund der Wechselwirkung des einfallenden Lichts mit einem Subwavelength Hole Array direkt mit der Anregung von Oberflächenplasmonen zusammenhängt.

Die soeben diskutierten Beobachtungen sind besonders gut anhand der Darstellung in Polarkoordinaten (analog zu den Müller-Matrix-Elementen) zu erkennen. Daher ist in Abbildung 7.23 die Depolarisation für verschiedene Energien in Abhängigkeit von Einfallswinkel θ und Azimut α

---

[8] Für weiterführende Literatur sei z. B. auf Ref. [52] verwiesen.

7.2 Müller-Matrix-Ellipsometrie

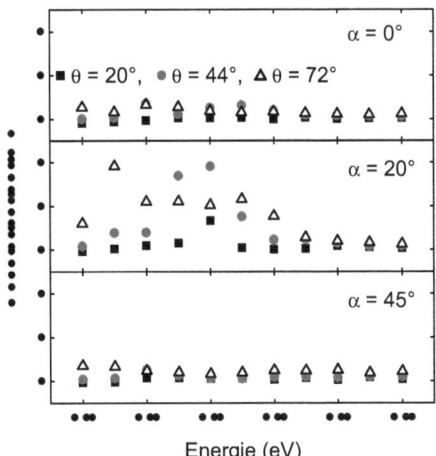

Abb. 7.22: Gemessene Depolarisation des Subwavelength Hole Arrays mit $P = 440\,\text{nm}$, $d = 225\,\text{nm}$ und $t = 20{,}5\,\text{nm}$ für verschiedene Azimutalwinkel α und Einfallswinkel θ. Liegt die Einfallsebene parallel zu den Achsen des Arrays oder 45° dazu, so beträgt die Depolarisation im gesamten Frequenzbereich nahezu Null, während sie für $\alpha = 20°$ auf bis zu 8% ansteigt.

dargestellt. Wie bereits erwähnt, weist die Depolarisation außerhalb der energetischen Position der Resonanzstelle im gesamten Bereich einen Wert von nahezu Null auf. An der Resonanzstelle dagegen hängt die Depolarisation sehr stark vom Azimut ab. Analog zu den Außerdiagonalelementen m_{02}, m_{03}, m_{12}, m_{13}, m_{20} und m_{21} der Müller-Matrix weist die Depolarisation bei Variation des Azimuts alle 45°, d. h. bei Orientierung der Einfallsebene parallel zu den Hauptachsen und Winkelhalbierenden, einen Wert von Null auf, während sie in den Bereichen zwischen den Hauptachsen und den Winkelhalbierenden auf bis zu 10% ansteigt.

Aus dem Müller-Matrix-Formalismus für isotrope Proben ist bekannt, dass die Summe einzelner Elemente den Polarisationsgrad nach $P = \sqrt{N^2 + C^2 + S^2}$ angibt. Dabei entspricht $-N$ dem Element m_{01}, C dem Element m_{22} und S dem Element m_{23}. Nimmt man diese Formel als Abschätzung für die Depolarisation eines Subwavelength Hole Arrays bei einer Energie von 1,2 eV, so erhält man die in Abbildung 7.24 in Polarkoordinaten dargestellte Depolarisation. Obwohl diese Abschätzung streng genommen nur für isotrope Proben gilt, zeigt sich eine relativ gute Übereinstimmung mit der bei der entsprechenden Energie gemessenen Depolarisation (siehe Abb. 7.23). Allerdings fällt die Depolarisation bei der Abschätzung mit bis zu 5% deutlich geringer aus als bei der Messung.

Bei der FMM-Simulation dagegen wird vollkommen kohärent gerechnet. Somit werden Depolari-

7 Ergebnisse und Diskussion

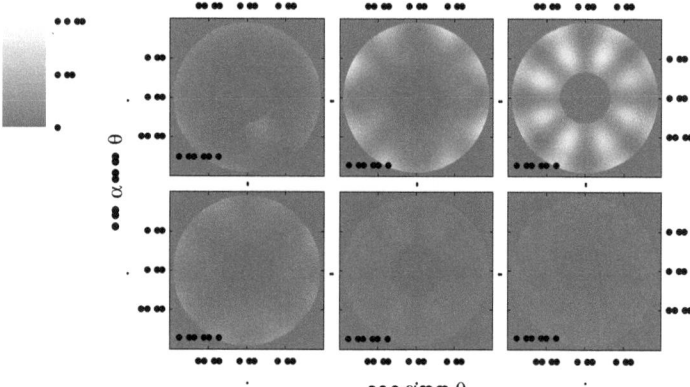

Abb. 7.23: Depolarisation des Subwavelength Hole Arrays mit $P = 440$ nm, $d = 225$ nm und $t = 20{,}5$ nm in Polarkoordinaten für verschiedene Energien. Außerhalb der Resonanzstelle ist die Depolarisation im gesamten Einfallswinkel- und Azimutbereich Null. An der Resonanzstelle zeigt sich eine deutliche Abhängigkeit vom Azimut. Für $\alpha = 0°$, $45°$, $90°$, etc. weist die Depolarisation unabhängig vom Einfallswinkel einen konstanten Wert von Null auf, im Bereich dazwischen steigt die Depolarisation dagegen auf bis zu 10% an.

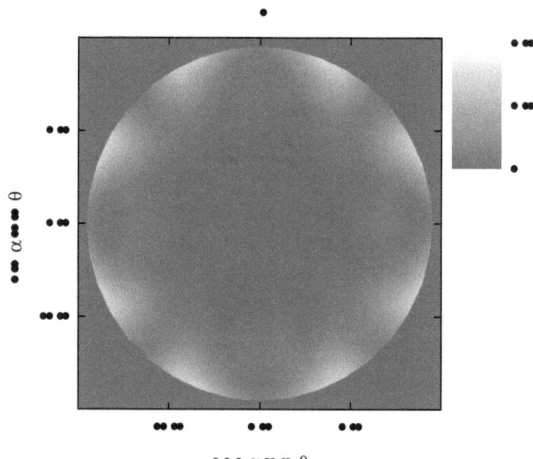

Abb. 7.24: Abschätzung der Depolarisation bei 1,2 eV mit $D(\%) = 1 - P \times 100$ nach der Formel $P^2 = N^2 + C^2 + S^2$ aus dem Müller-Matrix-Formalismus für isotrope Proben. Dabei entspricht $-N$ dem Element m_{01}, C dem Element m_{22} und S dem Element m_{23}. Mit bis zu 5% ist die die Depolarisation hierbei etwa halb so groß wie die gemessene Depolarisation.

7.2 Müller-Matrix-Ellipsometrie

sationseffekte nicht berücksichtigt. Da die Übereinstimmung mit den gemessenen Müller-Matrix-Elementen trotz der nicht berücksichtigten Depolarisation so gut ist, werden die Depolarisationseffekte bei der weiteren Interpretation der Messwerte vernachlässigt.

7.2.3 Energieabhängigkeit

Nachdem bereits die Energieabhängigkeit der Depolarisation betrachtet wurde, soll im folgenden Abschnitt der Blick auf die Abhängigkeit der einzelnen Müller-Matrix-Elemente von der Energie gelenkt werden. Dabei sei nochmals der Vergleich zu triklinen Kristallsystemen aufgegriffen. Aus ellipsometrischen Untersuchungen an triklinen Kristallen [36] ist bekannt, dass die Müller-Matrix-Elemente m_{02}, m_{03}, m_{13} und m_{20} eine charakteristische Verschiebung der Nullstellen mit der Energie zeigen. Somit rotieren bei monoklinen oder triklinen Kristallsystemen die Eigenzustände mit der Energie, während bei orthorhombischen Kristallsystemen oder Kristallsystemen höhere Symmetrie die Eigenzustände fix in einem Winkel von 90° zueinander orientiert sind.
In Abbildung 7.25 sind ausgewählte Müller-Matrix-Elemente für verschiedene Energien in Polarkoordinaten dargestellt. Die Farbskalierung ist äquivalent zu denen der Abbildungen 7.19 bis 7.21. Um Effekte aufgrund eventuell auftretenden Rauschens auszuschließen, wurde ein maximaler Vergrößerungsfaktor von 10 gewählt. Es ist leicht zu erkennen, dass sämtliche Müller-Matrix-Elemente, wie für orthogonale Systeme üblich, keine Rotation der Nullstellen zeigen. Somit sind die Eigenzustände der Müller-Matrix, an denen keine Mischung der Polarisationszustände des einfallenden Lichts auftritt, mit der Energie konstant und nur von der Gitterstruktur der Probe abhängig. Mit ihren in 45°-Winkeln zueinander stehenden Eigenzuständen unterscheiden sich Subwavelength Hole Arrays allerdings von sämtlichen natürlich vorkommenden Kristallsystemen. Abschließend sei noch die Variation der einzelnen Elemente als Ganzes mit der Energie betrachtet. Nahe der Resonanzstelle weisen alle Elemente eine ausgeprägte Abhängigkeit von der Energie auf. Im Gegensatz dazu ähneln sämtliche Elemente deutlich ober- bzw. unterhalb der Resonanzenergie stark den entsprechenden Elementen des geschlossenen Goldfilms.

Mit den aus der Müller-Matrix-Ellipsometrie gewonnenen Erkenntnissen muss die in Kapitel 7.1 begonnene Liste der optischen Eigenschaften der Subwavelength Hole Arrays wiederum erweitert werden:

- Pseudo-optische Achsen bei $\alpha = 0°$, $45°$, $90°$, ...
- Beschreibung über biaxiales Modell nicht möglich,
- Depolarisationseffekte im Bereich der Resonanzstelle, sofern die Einfallsebene nicht parallel zu den Hauptachsen oder Winkelhalbierenden verläuft,

7 Ergebnisse und Diskussion

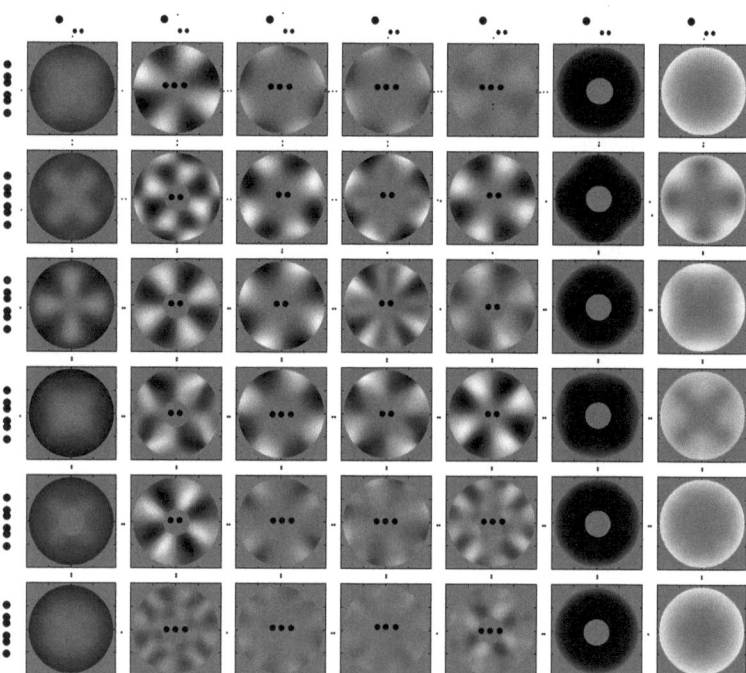

Abb. 7.25: Energieabhängigkeit ausgewählter Müller-Matrix-Elemente mit den Parametern $P = 400$ nm, $d = 225$ nm und $t = 20{,}5$ nm. Sämtliche Elemente zeigen nahe der Resonanzstelle eine ausgeprägte Abhängigkeit von der Energie. Deutlich ober- bzw. unterhalb der Resonanzenergie ähneln die Elemente dagegen denen eines geschlossenen Goldfilms. Analog zu Beobachtungen an orthogonalen Kristallsystemen ist keine Verschiebung der Nullstellen mit zunehmender Energie zu erkennen. Um Effekte durch Rauschen auszuschließen, wurde ein maximaler Vergrößerungsfaktor von 10 gewählt.

- Mischung der einzelnen Polarisationszustände im Bereich der Resonanzstelle,
- ober- und unterhalb der Resonanzenergie starke Ähnlichkeit mit dem geschlossenen Goldfilm.

7.3 Optische Aktivität?

In Kapitel 7.2.1 wurde bereits angesprochen, dass Subwavelength Hole Arrays bei der Wechselwirkung mit Licht die verschiedenen Polarisationszustände des einfallenden Lichts in einer komplexen Art und Weise mischen. Dies ist anhand der Polarkoordinatendarstellungen der einzelnen Müller-Matrix-Elemente (siehe Abb. 7.20) gut zu erkennen. Die hohen Werte in den Bereichen zwischen den Hauptachsen und den Winkelhalbierenden in den Elementen, welche die lineare Polarisation in $\pm 45°$ bzw. die zirkulare Polarisation beeinflussen (m_{02}, m_{20}, m_{13} bzw. m_{03}, m_{12}, m_{21}), liefern einen klaren Hinweis auf eine strukturabhängige optische Aktivität sowie auf einen zirkularen Dichroismus.

Die komplexe optische Antwort des Subwavelength Hole Arrays lässt sich gut anhand der Änderung des Polarisationszustandes eines einfallenden p-polarisierten Lichtstrahls darstellen. Ausgehend vom Stokes-Vektor $\mathbf{S}_{\text{in}} = [1,1,0,0]^T$ für einfallendes p-polarisiertes Licht wurde zunächst unter Verwendung der für $\alpha = 70°$ und $E = 1{,}2\,\text{eV}$ gemessenen Müller-Matrix der Stokes-Vektor $\mathbf{S}_{\text{out}}$ des am Subwavelength Hole Array reflektierten Lichts berechnet. Anschließend wurden sowohl die Rotation ϑ der Polarisationsellipse als auch der Elliptizitätswinkel ϵ über $S_1 = \cos 2\epsilon \cos 2\vartheta$ und $S_2 = \cos 2\epsilon \sin 2\vartheta$ (siehe Gl. 3.22) bestimmt.

Die daraus resultierenden Polarisationsellipsen sind zusammen mit den entsprechenden Graphen für ϑ und ϵ in Abbildung 7.26 in Abhängigkeit vom Einfallswinkel dargestellt. Um die Rotation der Polarisationsellipse zu verdeutlichen, wurde für die Darstellung der Ellipsen die Rotation ϑ verdoppelt. Bei senkrechtem Lichteinfall verhält sich das Subwavelength Hole Array vollständig isotrop. Da unter diesen Bedingungen keine Änderung des Polarisationszustandes erfolgt, entspricht der Stokes-Vektor des einfallenden Lichts direkt dem des reflektieren Lichts ($\mathbf{S}_{\text{in}} = \mathbf{S}_{\text{out}}$). Mit zunehmendem Einfallswinkel lässt sich eine Drehung sowie eine Aufweitung der Ellipse beobachten. Die in Kapitel 7.2.1 diskutierte Mischung der Polarisationszustände des Lichts bei Reflexion an einem SWHA führt somit sowohl zu einer Rotation des linear polarisierten Lichts um den Winkel ϑ als auch zu einer Veränderung der Elliptizität $\tan \epsilon$.

Betrachtet man die Energieabhängigkeit der Polarisationsellipsen, so lässt sich Ähnliches beobachten. In Abbildung 7.27 sind die Polarisationsellipsen sowie die entsprechenden Graphen für ϑ und ϵ in Abhängigkeit von der Energie dargestellt. Als Grundlage für die Berechnung der

7 Ergebnisse und Diskussion

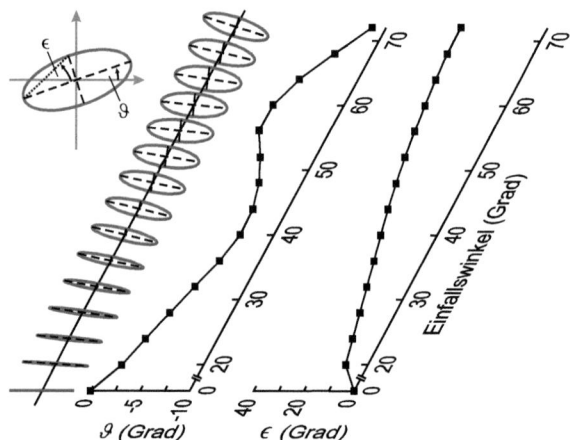

Abb. 7.26: Änderung des Polarisationszustandes eines einfallenden p-polarisierten Lichtstrahls in Abhängigkeit vom Einfallswinkel bei Reflexion an einem Subwavelength Hole Array mit $P = 400\,\text{nm}$, $d = 225\,\text{nm}$ und $t = 20{,}5\,\text{nm}$. Als Grundlage wurde die bei einem Azimut von $\alpha = 70°$ und einer Energie von $1{,}2\,\text{eV}$ gemessene Müller-Matrix verwendet. Die Struktur der Probe beeinflusst sowohl die Rotation ϑ der Polarisationsellipse als auch den Elliptizitätswinkel ϵ. Um die Rotation der Polarisationsellipse (Abbildung links) zu verdeutlichen, wurde für die Darstellung der Ellipsen die Rotation ϑ verdoppelt.

Rotation ϑ und des Elliptizitätswinkels ϵ wurde wiederum die Müller-Matrix der Probe A3 mit $P = 400\,\text{nm}$, $d = 225\,\text{nm}$ und $t = 20{,}5\,\text{nm}$ bei $\alpha = 70°$ verwendet. Der Einfallswinkel wurde dabei auf $\theta = 45°$ festgelegt. Auch in Abhängigkeit von der Energie lässt sich eine starke Drehung der Polarisationsellipse beobachten. Dabei nimmt ϑ Werte von $+13°$ bis $-9°$ an. Zudem ist eine deutliche Veränderung des Elliptizitätswinkels zu beobachten. Mit zunehmender Energie dreht sich die Polarisationsellipse im Uhrzeigersinn und weitet sich auf (Minimum in ϑ, Maximum in ϵ), dann erfolgt eine Drehung gegen den Uhrzeigersinn bei gleichzeitigem Zusammenschrumpfen der Ellipse (Maximum in ϑ, Minimum in ϵ). Bei weiterer Erhöhung der Energie wiederholt sich dieses Verhalten. In Abbildung 7.25 macht sich das hier beschriebene Verhalten durch den Farbwechsel zwischen Rot und Blau in den Elementen m_{02}, m_{03}, m_{12} und m_{13} bemerkbar. Dieser Farbwechsel lässt sich für jede beliebige Kombination von α und θ, mit Ausnahme der Orientierungen parallel zu den Achsen oder Winkelhalbierenden des Arrays ($\alpha = 0°$, $45°$, $90°$ etc.), mit zunehmender Energie beobachten.

Diese Beobachtungen erinnern stark an das Phänomen der optischen Aktivität, wie sie von einigen Kristallen sowie Zuckerlösungen bekannt ist. Dabei ist die optische Aktivität direkt mit der zirkularen Doppelbrechung, d. h. einem unterschiedlichen Brechungsindex für rechts und

7.3 Optische Aktivität?

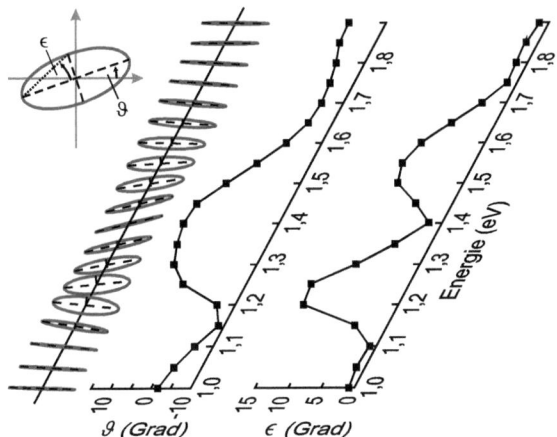

Abb. 7.27: Änderung des Polarisationszustandes eines einfallenden p-polarisierten Lichtstrahls in Abhängigkeit von der Energie bei Reflexion an einem Subwavelength Hole Array mit $P = 400\,\text{nm}$, $d = 225\,\text{nm}$ und $t = 20{,}5\,\text{nm}$. Als Grundlage wurde die bei einem Azimut von $\alpha = 70°$ und einem Einfallswinkel von $\theta = 45°$ gemessene Müller-Matrix verwendet. Die Struktur der Probe beeinflusst sowohl die Rotation ϑ der Polarisationsellipse als auch den Elliptizitätswinkel ϵ.

links zirkular polarisiertes Licht, verknüpft. Dies impliziert, dass optische Aktivität bereits bei einem Einfallswinkel von $\theta = 0°$ auftritt. Subwavelength Hole Arrays dagegen zeigen keinerlei Veränderung des Polarisationszustandes des senkrecht einfallenden Lichts. Somit ist die Verwendung des Begriffs optische Aktivität im klassischen Sinn nicht korrekt.

Geht man allerdings, wie bereits erwähnt, zu größeren Einfallswinkeln über, so beobachtet man unter bestimmten Einfallswinkel-Azimut-Kombinationen eine deutliche Drehung des Lichts. Daher soll im Folgenden die Ursache dieses der optischen Aktivität in Kristallen oder Zuckerlösungen ähnelnden Phänomens betrachtet werden.

Es ist seit langem bekannt, dass Chiralität eine notwendige (aber nicht hinreichende) Bedingung für optische Aktivität darstellt. So wird die optische Aktivität, d. h. die Drehung des Polarisationszustandes eines einfallenden Lichtstrahls, erfolgreich zur Strukturbestimmung bzw. Konformationsanalyse von z. B. Biomolekülen und Naturstoffen eingesetzt [132, 133]. Zwei geläufige Messmethoden sind die Messung des Zirkulardichroismus (engl. Circular Dichroism, CD) und die Messung der optischen Rotationsdispersion (engl. Optical Rotatory Dispersion, ORD). Der Zirkulardichroismus beschreibt dabei die Abhängigkeit des Absorptionsunterschiedes von links und rechts zirkular polarisiertem Licht von der Wellenlänge nach $CD = \Delta A = A_{\text{lc}} - A_{\text{rc}}$ [116, 122]. Somit tritt Zirkulardichroismus nur im Bereich einer Absorptionsbande auf, d. h. er

7 Ergebnisse und Diskussion

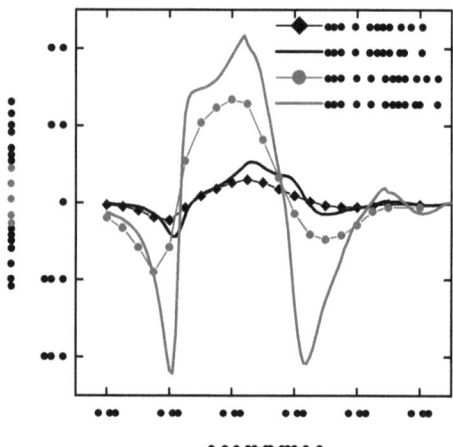

Abb. 7.28: CD- und ORD-ähnliche Signale für die Winkel $\alpha = 70°$ und $\theta = 45°$ aufgrund der Reflexion an einem Subwavelength Hole Array mit $P = 400$ nm, $d = 225$ nm und $t = 20{,}5$ nm. Der Vergleich der gemessenen Werte (Symbole) mit den simulierten Kurven (durchgezogene Linien) liefert eine insgesamt gute Übereinstimmung. Wie auch schon bei den Müller-Matrix-Elementen zeigen die Simulationen deutlich schärfere Strukturen.

hängt direkt von den unterschiedlichen Intensitäten des rechts bzw. links zirkular polarisierten Lichts nach der Wechselwirkung mit dem Medium ab. Die optische Rotationsdispersion dagegen hängt mit der Änderung der Phasendifferenz bei der Wechselwirkung mit dem Medium zusammen und beschreibt folglich die Drehung der Ebene des polarisierten Lichts. Dabei bleibt zu beachten, dass sowohl CD als auch ORD immer für einen Einfallswinkel von $\theta = 0°$ definiert sind. Somit ist auch die Verwendung der Begriffe CD und ORD im Fall von Subwavelength Hole Arrays ungewöhnlich, da diese ihre außergewöhnlichen optischen Eigenschaften erst unter schrägem Lichteinfall offenbaren. Dennoch lässt sich eine gewisse Ähnlichkeit zwischen den für SWHAs unter bestimmten Einfallswinkel-Azimut-Kombinationen erhaltenen Eigenschaften und den Eigenschaften von optisch aktiven Materialien erkennen. Dies soll im folgenden Abschnitt verdeutlicht werden.

Die optische Rotationsdispersion ähnelt, obiger Diskussion zufolge, direkt dem Rotationswinkel ϑ der Polarisationsellipse aus den Abbildungen 7.26 und 7.27 für Subwavelength Hole Arrays. Auch eine dem CD-Signal entsprechende Kurve lässt sich für Subwavelength Hole Arrays berechnen. Dazu ist es nötig, die Absorption des rechts bzw. links zirkular polarisierten Lichts A_{rc} bzw. A_{lc} bei der Wechselwirkung mit dem SWHA zu kennen. Die Absorption ist gegeben durch $A_{\text{rc/lc}} = \log(I_0/I_{\text{rc/lc}})$. Diese Informationen lassen sich aus den entsprechenden

7.3 Optische Aktivität?

Stokes-Vektoren $S_{out,rc}$ und $S_{out,lc}$ nach Reflexion an der Probe ablesen. Ausgehend von der unter $\alpha = 70°$ und $\theta = 45°$ gemessenen Müller-Matrix des SWHAs mit $P = 400\,\text{nm}$, $d = 225\,\text{nm}$ und $t = 20{,}5\,\text{nm}$ lassen sich die Stokes-Vektoren des reflektierten Lichts für die jeweiligen Eingangs-Stokes-Vektoren $S_{in,rc} = [1{,}0{,}0{,}1]^T$ und $S_{in,lc} = [1{,}0{,}0{,}-1]^T$ berechnen. Die daraus erhaltenen Parameter S_0 der Stokes-Vektoren $S_{out,rc}$ und $S_{out,lc}$ entsprechen direkt den benötigten Intensitäten I_{rc} und I_{lc}. Analog dazu ergibt sich die Intensität I_0 zu $I_0 = S_{0,in} = 1$. Das auf diesen Berechnungen basierende CD-ähnliche Signal ist in Abbildung 7.28 zusammen mit der der optischen Rotationsdispersion ORD ähnelnden Kurve dargestellt. Da der Zirkulardichroismus CD klassischerweise in der Einheit Grad angegeben wird, wurde auch hier das Signal nach $CD(°) = CD_{\text{Differenz}} \cdot 180° \cdot \ln 10/(4\pi)$ umgerechnet [116]. In Abbildung 7.28 sind neben den auf der gemessenen Müller-Matrix basierenden CD- und ORD-ähnlichen Kurven (Symbole) zusätzlich die unter Verwendung der simulierten Müller-Matrix (siehe Abb. 7.21) berechneten Signale (durchgezogene Linien) aufgetragen. Wie auch schon beim Vergleich der gemessenen Müller-Matrix mit der FMM-Simulation gesehen werden konnte (siehe Kap. 7.2.1), weisen die auf der simulierten Müller-Matrix basierenden CD- und ORD-ähnlichen Kurven deutlich schärfere Strukturen auf als die auf der gemessenen Müller-Matrix basierenden Werte. Dies liegt, wie bereits erwähnt, an kleinen Variationen hinsichtlich Lochgröße und Lochform innerhalb des Messflecks auf der Probe. Dennoch lässt sich auch hier feststellen, dass die Übereinstimmung von Messung und Simulation allgemein recht gut ist.

Sowohl die dem Zirkulardichroismus als auch die der optischen Rotationsdispersion ähnelnden Kurven zeigen eine starke Abhängigkeit von der Energie. Dies erinnert an den von chiralen Molekülen bekannten Cotton-Effekt. Dennoch bestehen deutliche Unterschiede zwischen chiralen Molekülen und Subwavelength Hole Arrays. Die Anwesenheit chiraler Strukturen führt bereits bei senkrechtem Lichteinfall zu einer deutlichen Polarisationsänderung. Im Gegensatz dazu tritt diese im Fall von SWHAs erst unter großen Einfallswinkeln auf. Zudem lassen sich Unterschiede bei Reflexionsmessungen feststellen. Misst man den Polarisationszustand nach Reflexion an einer Zuckerlösung, so lässt sich keine Drehung der Rotationsebene beobachten. Im Gegensatz dazu zeigen Subwavelength Hole Arrays unter vergleichbaren Bedingungen relativ große Werte von über 10°. Ein weiterer wichtiger Unterschied ist in der Größe der betrachteten Strukturen zu finden. Während klassische chirale Moleküle als sehr klein gegenüber der Wellenlänge des einfallenden Lichts betrachtet werden, liegt die Größenordnung der Strukturen bei Subwavelength Hole Arrays im Bereich der Wellenlänge. Somit ist die Ursache für die optische Aktivität völlig unterschiedlich. Aufgrund der geringen Ausdehnung chiraler Moleküle im Vergleich zur Wellenlänge kann eine räumliche Dispersion vernachlässigt werden. Insofern lassen sich die optischen Eigenschaften chiraler Moleküle unter Berücksichtigung magnetischer Wechselwirkungen

7 Ergebnisse und Diskussion

durch ein bianisotropes Modell beschreiben. Im Gegensatz dazu zeigen Subwavelength Hole Arrays eine starke räumliche Dispersion. Wie in Kapitel 2.4 diskutiert wurde, ergibt sich der dielektrische Tensor für Materialien mit Inversionssymmetrie zu $\varepsilon_{ij}(\omega, \vec{k}) = \varepsilon_{ij}(\omega) + \alpha_{ijlm}(\omega) k_l k_m$. Diese quadratische Abhängigkeit führt auch in hoch symmetrischen Kristallen zu einer wenig ausgeprägten aber doch messbaren Doppelbrechung in der Größenordnung von $\Delta n \approx (P/\lambda)^2$. So konnten z. B. Pastrnak und Vedam [103] diesen Effekt mit einer Größenordnung von 10^{-6} in Silizium-Einkristallen nachweisen. Bei SWHAs dagegen ist dieser Effekt deutlich größer und macht sich durch die beobachtete starke Mischung der verschiedenen Polarisationszustände bemerkbar. Aus der Betrachtung kubischer Kristalle ist bekannt, dass die Doppelbrechung bei Einstrahlung parallel zu den Würfelkanten und Raumdiagonalen verschwindet [58]. Im Fall von SWHAs entsprechen diese Richtungen den Achsen sowie den Winkelhalbierenden des Arrays. Dies erklärt die in der Müller-Matrix-Ellipsometrie beobachteten Nullstellen (siehe Abb. 7.20), an denen der Polarisationszustand des einfallenden Lichts auch unter großen Einfallswinkel nicht verändert wird.

Da, wie in den Kapiteln 2.3 und 2.4 beschrieben wurde, räumliche Dispersion und Bianisotropie nur dann als gleichwertige Möglichkeiten zur Beschreibung der optischen Aktivität angesehen werden können, wenn die optische Antwort $\varepsilon(\omega, \vec{k})$ einer Probe linear vom Wellenvektor $\vec{k}$ abhängt, lassen sich die optischen Eigenschaften von Subwavelength Hole Arrays aufgrund ihrer $\vec{k}^2$-Abhängigkeit nicht durch effektive optische Parameter beschreiben. Somit muss deutlich zwischen den verschiedenen physikalischen Ursachen für die Polarisationsänderung bei chiralen Molekülen und Subwavelength Hole Arrays unterschieden werden. Im Fall von chiralen Strukturen basiert die Polarisationsänderung auf magneto-elektrischen Wechselwirkungen, während sie bei SWHAs ausschließlich durch die räumliche Dispersion hervorgerufen wird.

Diese Resultate widersprechen den Überlegungen nach Untersuchungen an Arrays bestehend aus planaren asymmetrischen Spaltringen (siehe Kapitel 5.3). Plum et al. [107] argumentieren, dass optische Aktivität ohne Chiralität eine generelle Eigenschaft planarer Metamaterialien mit Spiegelsymmetrie aber ohne Inversionszentrum sei. Demnach sollten Subwavelength Hole Arrays auch unter schrägem Lichteinfall keine Polarisationsänderung zeigen. Wie bereits in Kapitel 2.4 diskutiert wurde, führt die Inversionssymmetrie dazu, dass der lineare Term P/λ der räumlichen Dispersion verschwindet, während der quadratische Term $(P/\lambda)^2$ berücksichtigt werden muss. Diese $\vec{k}^2$-Abhängigkeit tritt auch bei einigen derzeit untersuchten Metamaterialien auf. Im Gegensatz zur geläufigen Meinung lassen also auch gewisse Metamaterialien nicht mit effektiven optischen Parametern beschreiben, sondern müssen, genauso wie Subwavelength Hole Arrays, $\vec{k}$-abhängig analysiert werden.

7.3 Optische Aktivität?

Mit den Erkenntnissen aus den vorigen Abschnitten müssen noch zwei Punkte zur Liste der optische Eigenschaften von Subwavelength Hole Arrays hinzugefügt werden:

- Deutliche Änderung des Polarisationszustandes eines einfallenden Lichtstrahls (Rotation und Aufweitung bzw. Zusammenziehen der Polarisationsellipse),
- Drehung des einfallenden Lichts bei Wechselwirkung mit dem SWHA, sofern die Einfallsebene zwischen den Hauptachsen und den Winkelhalbierenden liegt.

8 Zusammenfassung und Ausblick

Subwavelength Hole Arrays, d. h. Metallfilme mit einem periodisch angeordneten Lochmuster, bei denen der Lochdurchmesser im gesamten betrachteten Spektralbereich kleiner ist als die Wellenlänge des eingestrahlten Lichts, weisen außergewöhnliche optische Eigenschaften auf. So ist von SWHAs in dicken Metallfilmen bekannt, dass sie eine außerordentliche optische Transmission zeigen. Dieses Phänomen, dass die Transmission durch das Lochmuster in einer ansonsten undurchsichtigen Metallschicht um ein Vielfaches höher ist, als aufgrund von theoretischen Vorhersagen erwartet, ist unter dem Begriff „Extraordinary Optical Transmission" (EOT) in die Literatur eingegangen [34].

Eine Erklärung für diese Beobachtung liefert das SP-Modell über die Anregung von Oberflächenplasmonen. Diese lassen sich aufgrund der regelmäßigen strukturierten Grenzfläche anregen. Durch den stattfindenden Tunnelprozess werden zusätzlich Oberflächenplasmonen auf der Unterseite des Metallfilms angeregt, wo sie wieder in Licht zerfallen können. Dies resultiert in einer Erhöhung der Transmission.

Während Subwavelength Hole Arrays in optisch dicken Metallfilmen seit über zehn Jahren Gegenstand immensen Interesses sind, wurden erst in den letzten zwei Jahren Untersuchungen über die Eigenschaften von SWHAs in *dünnen*, semitransparenten Metallfilmen im optischen Frequenzbereich durchgeführt. Dabei wurde deutlich, dass auch solche Proben äußerst interessante Eigenschaften aufweisen. Ziel dieser Arbeit war es daher, die optischen Eigenschaften von SWHAs verschiedener Periodizitäten und Lochdurchmesser in semitransparenten Goldfilmen von ca. 14 nm und 20 nm Dicke umfassend zu charakterisieren.

8.1 Zusammenfassung

Anhand von Transmissionsmessungen konnte gezeigt werden, dass die Perforation eines an sich semitransparenten Metallfilms mit Subwavelength Holes zu einer deutlichen Unterdrückung der Transmission im Vergleich zur geschlossenen Schicht führt. Während ein geschlossener,

8 Zusammenfassung und Ausblick

semitransparenter Metallfilm von 20 nm Dicke ein Transmissionsmaximum von 48 % aufweist, bricht die Transmission durch ein Subwavelength Hole Array in einem Goldfilm gleicher Dicke auf 8 % ein. Der vorher geschlossene, semitransparente Goldfilm wird somit aufgrund der Perforation in einem bestimmten Frequenzbereich nahezu undurchsichtig. Sowohl der geschlossene als auch der perforierte Goldfilm lassen sich gut durch einen auf dem Oszillator-Modell basierenden Fit beschreiben. Dabei zeigt sich, dass zur Beschreibung der Transmission durch das SWHA nahezu die gleichen optischen Konstanten wie für den 20 nm dicken geschlossenen Goldfilm verwendet werden können, sofern ein zusätzlicher Lorentz-Oszillator an der Resonanzfrequenz einbezogen wird. Betrachtet man die Transmission durch Subwavelength Hole Arrays in Abhängigkeit von Einfallswinkel θ und Azimut α, so stellt man fest, dass sich die Probe, wie für eine quadratische Struktur erwartet, unter senkrechtem Lichteinfall vollkommen isotrop verhält. Geht man dagegen zu größeren Einfallswinkeln über, so hängt die optische Antwort stark von der Orientierung der Struktur bezüglich der Einfallsebene ab. Die Transmissionsspektren der Messungen, bei denen die Einfallsebene parallel zu den Achsen des SWHAs liegt, zeigen mit zunehmendem Einfallswinkel eine starke Verschiebung des scharfen Transmissionsminimums zu kleineren Energien. Wird die Probe um 45° bezüglich der Einfallsebene gedreht, so beobachtet man lediglich eine kleine Verschiebung des scharfen Transmissionsminimums in Abhängigkeit vom Einfallswinkel. Unabhängig von der Orientierung tauchen unter schrägem Lichteinfall zusätzliche Transmissionsminima auf, welche zwar weniger ausgeprägt als das bereits unter senkrechtem Lichteinfall auftretende Hauptminimum aber dennoch deutlich sichtbar sind. Dieses vom Wellenvektor $\vec{k}$ abhängige Verhalten ist typisch für die Anregung von Oberflächenplasmonen. Trägt man die zu den einzelnen Transmissionsminima gehörenden Energien gegen den dazugehörenden Wellenvektor $k_x = 2\pi/\lambda \cdot \sin\theta$ auf, so erhält man die Dispersionsrelation der Oberflächenplasmonen. Diese experimentell erhaltenen Werte lassen sich gut mittels einer analytischen Formel, welche die Bedingung für die Anregung von Oberflächenplasmonen wiedergibt und in die neben der Periodizität und den dielektrischen Funktionen des Metalls und des umgebenden Dielektrikums auch die Schichtdicke eingeht, beschreiben. Damit lässt sich belegen, dass im hier vorliegenden Fall eines SWHAs in einer asymmetrischen Umgebung ($\varepsilon_{d_1} = 1$ für Luft und $\varepsilon_{d_2} = 2{,}25$ für Glas) eine stark gedämpfte und dementsprechend kurzreichweitige SP-Mode angeregt wird.

Analog zu Subwavelength Hole Arrays in dicken Metallfilmen zeigen auch SWHAs in dünnen Filmen eine gewisse Abhängigkeit von der Periodizität und der Schichtdicke. Anhand von Transmissionsmessungen an Subwavelength Hole Arrays verschiedener Periodizitäten ($P = 200\,\text{nm} - 400\,\text{nm}$) und Schichtdicken ($t = 14{,}5\,\text{nm}$ und $20{,}5\,\text{nm}$) ist nicht nur erkennbar, dass im Fall der dickeren Metallschicht sämtliche Minima stärker ausgeprägt sind als bei den SWHAs mit einer Golddicke von $t = 14{,}5\,\text{nm}$, sondern es kann auch beobachtet werden, dass die Verschie-

8.1 Zusammenfassung

bung der ausgeprägten Minima sowie die Herausbildung neuer Strukturen mit zunehmendem Einfallswinkel bei SWHAs in dickeren Filmen deutlicher sind. Zudem verschiebt sich die Position der Resonanzstelle mit Vergrößerung der Periodizität oder Verringerung der Schichtdicke zu kleineren Energien. Auch diese Beobachtung entspricht dem für eine kurzreichweitige SP-Mode erwarteten Verhalten.

Während die analytische Formel für die Bedingung der Anregung von Oberflächenplasmonen im einen Fall eine gute Übereinstimmung mit der experimentell bestimmten Dispersionsrelation liefert, zeigen andere untersuchte Proben größere Abweichungen. Dies macht deutlich, dass die einfache analytische Formel zur exakten Beschreibung von Subwavelength Hole Arrays nicht unbedingt ausreicht. Daher wurde auf genauere Simulationen zurückgegriffen, bei denen nicht nur Periodizität und Schichtdicke, sondern auch Lochform und Lochdurchmesser eingehen. Die auf der Fourier-Modalen Methode (FMM) basierende Simulation[1] eines Subwavelength Hole Arrays mit eckigen Löchern liefert eine gute Übereinstimmung mit den gemessenen Transmissionsspektren bezüglich der Anzahl und der Schärfe der Minima. Dabei muss allerdings darauf hingewiesen werden, dass die simulierten Spektren deutlich schärfere Strukturen aufweisen als die gemessenen Spektren. Diese Abweichung lässt sich durch gewisse Inhomogenitäten in der Lochform sowie im Lochdurchmesser aufgrund des Lithographie-Prozesses erklären. Auch die Position der einzelnen Minima lässt sich durch die Simulation voraussagen. Mit einer maximalen Abweichung von 0,1 eV stimmen die berechneten Werte sehr gut mit den Beobachtungen überein.

Da sich Subwavelength Hole Arrays aufgrund der $\vec{k}$-Abhängigkeit nicht durch effektive optische Parameter beschreiben lassen, wurde eine neue Möglichkeit zur Darstellung der komplexen optischen Antwort der SWHAs gewählt. Zur vollständigen Charakterisierung der Subwavelength Hole Arrays wurden daher die Müller-Matrix-Elemente $m_{ij}(\alpha, \theta, \omega)$ über nahezu den gesamten Winkelbereich und in Abhängigkeit von der Frequenz ellipsometrisch bestimmt. Während der geschlossene Goldfilm, wie für isotrope Proben erwartet, in allen Müller-Matrix-Elementen außer den Diagonalelementen (m_{11}, m_{22}) und den Elementen, welche die lineare Polarisation in x- und y-Richtung beeinflussen (m_{01}, m_{10}, m_{23}), einen konstanten Wert von Null aufweist, zeigen sämtliche Müller-Matrix-Elemente des SWHAs in der Polarkoordinatendarstellung mit $x = \cos\alpha \sin\theta$ und $y = \sin\alpha \sin\theta$ ein kompliziertes Muster. Dabei fällt auf, dass die auf die lineare Polarisation in x- und y-Richtung wirkenden Elemente m_{01}, m_{10} und m_{23} sowie die Diagonalelemente m_{11} und m_{22} aufgrund der Perforation nur leicht verändert werden, während die Elemente, welche die lineare Polarisation in $\pm 45°$ bzw. die zirkulare Polarisation beeinflussen (m_{02}, m_{20}, m_{13} bzw. m_{03}, m_{12}, m_{21}), d. h. die Elemente, die im Fall des geschlossenen Films Null

---
[1] Die entsprechenden Simulationen wurden im Rahmen einer Kooperation von T. Weiss (4. Physikalisches Institut, Universität Stuttgart) durchgeführt.

8 Zusammenfassung und Ausblick

sind, aufgrund der Perforation sehr große Werte in den Bereichen zwischen den Hauptachsen und den Winkelhalbierenden des Gitters aufweisen. Liegt dagegen die Einfallsebene parallel zu den Achsen des Arrays oder in 45° dazu, so weisen diese Müller-Matrix-Elemente unabhängig vom Einfallswinkel einen konstanten Wert von Null auf. Diese Nullstellen entsprechen den Eigenzuständen der Müller-Matrix, an denen der Polarisationszustand des einfallenden Lichts nicht verändert wird. Entlang dieser Eigenzustände verhält sich somit ein Subwavelength Hole Array wie ein geschlossener Goldfilm. In Analogie zur klassischen Kristalloptik kann man somit von pseudo-optischen Achsen entlang der Hauptachsen und Winkelhalbierenden des Arrays sprechen.

Dennoch sind die Unterschiede zur Kristallographie sehr deutlich. Während trikline Kristalle, bei denen sämtliche Achsen schiefwinklig zueinander stehen und die somit zu den aus optischer Sicht am schwierigsten zu analysierenden Systemen gehören, lediglich maximal vier Nullstellen in den Müller-Matrix-Elementen aufweisen und sich somit noch mit Hilfe eines biaxialen Modells beschreiben lassen, ist eine analoge Beschreibung für Subwavelength Hole Arrays mit bis zu acht Nullstellen nicht mehr möglich.

Betrachtet man die Müller-Matrix-Elemente eines Subwavelength Hole Arrays in Abhängigkeit von der Energie, so stellt man fest, dass alle Elemente nahe der Resonanzstelle eine ausgeprägte Abhängigkeit von der Energie aufweisen. Im Gegensatz dazu ähneln sämtliche Elemente deutlich ober- bzw. unterhalb der Resonanzenergie stark den entsprechenden Elementen des geschlossenen Goldfilms.

Ein Vorteil der Müller-Matrix-Ellipsometrie ist die Berücksichtigung von Depolarisationseffekten. Diese machen sich im Fall der Subwavelength Hole Arrays durch kleinere Abweichungen von der erwarteten Symmetrie der Reflexions-Müller-Matrix bemerkbar. Gezielte Depolarisationsmessungen zeigen für SWHAs eine deutliche Abhängigkeit der Depolarisation von Einfallswinkel, Azimut und Energie. So lassen sich Depolarisationseffekte im Bereich der Resonanzstelle beobachten, sofern die Einfallsebene nicht parallel zu den Hauptachsen oder Winkelhalbierenden verläuft. Ein geschlossener Goldfilm weist im Gegensatz dazu im gesamten Winkel- und Frequenzbereich eine Depolarisation von Null auf. Allerdings ist die bei den Subwavelength Hole Arrays beobachtete Depolarisation mit maximal 10 % relativ klein, weshalb die kohärent gerechnete Simulation sehr gut mit der gemessenen Müller-Matrix übereinstimmt.

Bereits auf den ersten Blick lässt sich anhand der Darstellung der Müller-Matrix-Elemente in Polarkoordinaten ableiten, dass Subwavelength Hole Arrays bei der Wechselwirkung mit Licht die verschiedenen Polarisationszustände des einfallenden Lichts in einer komplexen Art und Weise mischen. Die hohen Werte in den Bereichen zwischen den Hauptachsen und den Winkelhalbierenden in den Elementen, welche die lineare Polarisation in ±45° bzw. die zirkulare

8.1 Zusammenfassung

Polarisation beeinflussen (m_{02}, m_{20}, m_{13} bzw. m_{03}, m_{12}, m_{21}), liefern einen klaren Hinweis auf eine strukturabhängige Drehung des Polarisationszustandes ähnlich optischer Aktivität und zirkularem Dichroismus. Stellt man die komplexe optische Antwort des Subwavelength Hole Arrays für eine beliebige Kombination von α und θ (mit Ausnahme der Orientierungen parallel zu den Achsen oder Winkelhalbierenden des Arrays) anhand der Änderung des Polarisationszustandes eines einfallenden p-polarisierten Lichtstrahls dar, so beobachtet man eine deutliche Drehung sowie ein Auf- und Zugehen der Polarisationsellipse in Abhängigkeit von Energie und Einfallswinkel. Diese Beobachtungen erinnern stark an das Phänomen der optischen Aktivität, wie sie von einigen Kristallen sowie Zuckerlösungen bekannt ist. Da dabei die optische Aktivität direkt mit der zirkularen Doppelbrechung verknüpft ist, ist die Verwendung des Begriffs optische Aktivität im klassischen Sinn im Zusammenhang mit Subwavelength Hole Arrays nicht korrekt. So ist die Ursache für die bei SWHAs beobachtete Drehung der Polarisationsellipse nicht mit der Ursache für klassische optische Aktivität zu vergleichen. Die Auswirkungen klassischer optischer Aktivität auf die optischen Eigenschaften eines Materials lassen sich unter Verwendung eines bianisotropen Modells beschreiben. Bianisotropie und räumliche Dispersion können als gleichwertige Möglichkeiten zur Beschreibung der optischen Aktivität angesehen werden, solange die optische Antwort $\varepsilon(\omega, \vec{k})$ einer Probe linear vom Wellenvektor $\vec{k}$ abhängt. Subwavelength Hole Arrays hingegen zeigen eine quadratische Abhängigkeit vom Wellenvektor, was die Beschreibung der optischen Eigenschaften von SWHAs unter Verwendung eines bianisotropen Modells unmöglich macht. Dennoch lassen sich auch für Subwavelength Hole Arrays CD- und ORD-ähnliche Signale berechnen. Dabei zeigen sowohl die dem Zirkulardichroismus (CD) als auch die der optischen Rotationsdispersion (ORD) ähnelnden Kurven eine starke Abhängigkeit von der Energie. Dies entspricht dem bei chiralen Molekülen bekannten Cotton-Effekt.

Fasst man die im Rahmen dieser Arbeit beobachteten optischen Eigenschaften von Subwavelength Hole Arrays tabellarisch zusammen, so erhält man folgende, bereits in Kapitel 7 aufgeführte, Liste:

- Unterdrückung der Transmission durch SWHAs in dünnen Metallfilmen im Vergleich zur geschlossenen Schicht,
- keine „in-plane"-Anisotropie bei Lichteinfall senkrecht zur Probenoberfläche,
- Abhängigkeit der Transmission von Einfallswinkel und Azimut bei $\theta > 0°$,
- Orientierung der Transmissionshauptachsen 45° zueinander,
- Rotverschiebung der Transmissionsminima bei Vergrößerung der Periodizität,
- Blauverschiebung der Transmissionsminima bei Zunahme der Schichtdicke,
- pseudo-optische Achsen bei $\alpha = 0°, 45°, 90°, \ldots$
- Beschreibung über biaxiales Modell nicht möglich,

8 Zusammenfassung und Ausblick

- Mischung der einzelnen Polarisationszustände im Bereich der Resonanzstelle,
- ober- und unterhalb der Resonanzenergie starke Ähnlichkeit mit dem geschlossenen Goldfilm,
- Depolarisationseffekte im Bereich der Resonanzstelle, sofern die Einfallsebene nicht parallel zu den Hauptachsen oder Winkelhalbierenden verläuft,
- deutliche Änderung des Polarisationszustandes eines einfallenden Lichtstrahls (Rotation und Aufweitung bzw. Zusammenziehen der Polarisationsellipse),
- Drehung des einfallenden Lichts bei Wechselwirkung mit dem SWHA, sofern die Einfallsebene zwischen den Hauptachsen und den Winkelhalbierenden liegt.

Zusammenfassend lässt sich sagen, dass Subwavelength Hole Arrays in dünnen, semitransparenten Metallfilmen die Transmission in einem bestimmten Frequenzbereich unterdrücken, was mit der Anregung von Oberflächenplasmonen zusammenhängt. Diese Anregung von Oberflächenplasmonen führt zudem dazu, dass die Transmissionshauptachsen in einem Winkel von 45° zueinander stehen. Des Weiteren kommt es unter schrägem Lichteinfall zu einer starken Mischung der verschiedenen Polarisationszustände des einfallenden Lichts und damit zu Effekten, wie sie sonst der optischen Aktivität zugerechnet werden. Dabei sind die Ursachen zwischen natürlicher optischer Aktivität und der in Subwavelength Hole Arrays beobachteten Polarisationsdrehung völlig unterschiedlich: Die der klassischen optischen Aktivität zugrunde liegenden chiralen Moleküle sind klein gegenüber der Wellenlänge des einfallenden Lichts, sodass räumliche Dispersion vernachlässigt werden kann und die Polarisationsdrehung direkt auf die Chiralität der Moleküle und die damit verbundene zirkulare Doppelbrechung zurückzuführen ist. SWHAs hingegen zeigen eine Drehung des Polarisationszustandes aufgrund der quadratischen Abhängigkeit der Oberflächenplasmonen vom Wellenvektor. Diese Tatsache führt zu einem Phänomen ähnlich natürlicher optischer Aktivität, welches sogar in planaren quadratischen Strukturen beobachtet werden kann.

Zudem zeigen die Resultate, dass in planaren Strukturen mit Spiegelebene und Inversionszentrum, dazu gehören auch einigen Metamaterialien, der quadratische Term der Dispersionsrelation nicht vernachlässigt werden darf. Insofern lassen sich auch gewisse Metamaterialien nicht mit effektiven optischen Parametern beschreiben, sondern müssen, genauso wie Subwavelength Hole Arrays, $\vec{k}$-abhängig analysiert werden.

8.2 Ausblick

Ein Parameter, der im Rahmen dieser Arbeit nicht direkt betrachtet wurde, ist die konkrete Lochform. Es wurde zwar erwähnt, dass die Simulation für eckige Löcher besser zu den Messergebnissen passt als die Simulation unter Annahme von runden Löchern, doch wurden nie Proben untersucht, die sich ausschließlich in der Lochform unterscheiden. Eine in diese Richtung gehende Erweiterung der vorliegenden Arbeit wäre deshalb interessant, da auf der Fourier-Modalen Methode basierende Simulationen bei Variation der Lochform von rund zu eckig deutliche Unterschiede im Transmissionsspektrum aufgrund unterschiedlicher anregbarer Moden voraussagen. Dem widerspricht allerdings das Ergebnis einer Untersuchung im Rahmen einer Dissertation aus dem Jahr 2007 über Polarisationseffekte von Sublambda-Strukturen [70]. Demnach ist der Unterschied zwischen den betrachteten zylindrischen und quaderförmigen Vertiefungen in der Müller-Matrix-Darstellung marginal, sobald die Gesamtausdehnung kleiner als die halbe Wellenlänge ist.

Das Problem bei einer entsprechenden Erweiterung besteht in der praktischen Realisierbarkeit eindeutig runder oder eindeutig eckiger Löcher. Nanostrukturen lassen sich zwar heutzutage dank moderner Lithographie mit einer lateralen Ausdehnung von ca. 10 nm herstellen, allerdings ist dies mit einem sehr großen Aufwand verbunden. Daher sind üblicherweise lediglich Filme mit einer strukturierten Fläche im Mikrometerbereich erhältlich. Dennoch ist gerade wegen der Diskrepanz in den Voraussagen bezüglich des Einflusses der Lochform die Abhängigkeit davon neben der Variation der geometrischen Anordnung der Löcher (quadratisch, hexagonal, quasiperiodisch) ein interessantes Thema für zukünftige Untersuchungen der polarisationsoptischen Eigenschaften von Subwavelength Hole Arrays.

A Müller-Matrizen verschiedener optischer Elemente

Dieser Anhang liefert eine kurze Übersicht über die Müller-Matrizen verschiedener polarisationsoptischer Elemente. Nach Ref. [24].

Polarisationsoptisch neutrales Element:

$$\begin{bmatrix} 1 & 0 & 0 & 0 \\ 0 & 1 & 0 & 0 \\ 0 & 0 & 1 & 0 \\ 0 & 0 & 0 & 1 \end{bmatrix} \tag{A.1}$$

Absorber, Transmission k ($0 \leq k \leq 1$):

$$\begin{bmatrix} k & 0 & 0 & 0 \\ 0 & k & 0 & 0 \\ 0 & 0 & k & 0 \\ 0 & 0 & 0 & k \end{bmatrix} \tag{A.2}$$

Linearer Polarisator, Transmissionsachse $0°$:

$$\frac{1}{2} \begin{bmatrix} 1 & 1 & 0 & 0 \\ 1 & 1 & 0 & 0 \\ 0 & 0 & 0 & 0 \\ 0 & 0 & 0 & 0 \end{bmatrix} \tag{A.3}$$

A Müller-Matrizen verschiedener optischer Elemente

Linearer Polarisator, Transmissionsachse 45°:

$$\frac{1}{2}\begin{bmatrix} 1 & 0 & 1 & 0 \\ 0 & 0 & 0 & 0 \\ 1 & 0 & 1 & 0 \\ 0 & 0 & 0 & 0 \end{bmatrix} \tag{A.4}$$

Linearer Polarisator, Transmissionsachse θ:

$$\frac{1}{2}\begin{bmatrix} 1 & \cos 2\theta & \sin 2\theta & 0 \\ \cos 2\theta & \cos^2 2\theta & \cos 2\theta \sin 2\theta & 0 \\ \sin 2\theta & \cos 2\theta \sin 2\theta & \sin^2 2\theta & 0 \\ 0 & 0 & 0 & 0 \end{bmatrix} \tag{A.5}$$

Zirkularer Polarisator:

$$\frac{1}{2}\begin{bmatrix} 1 & 0 & 0 & 1 \\ 0 & 0 & 0 & 0 \\ 0 & 0 & 0 & 0 \\ 1 & 0 & 0 & 1 \end{bmatrix} \tag{A.6}$$

Linearer Diattenuator, Achse 0°, Transmissionsfaktoren q, r für die (orthogonalen) Eigenpolarisationen:

$$\frac{1}{2}\begin{bmatrix} q+r & q-r & 0 & 0 \\ q-r & q+r & 0 & 0 \\ 0 & 0 & 2\sqrt{qr} & 0 \\ 0 & 0 & 0 & 2\sqrt{qr} \end{bmatrix} \tag{A.7}$$

Linearer Diattenuator, Achse 45°, Transmissionsfaktoren q, r für die (orthogonalen) Eigenpolarisationen:

$$\frac{1}{2}\begin{bmatrix} q+r & 0 & q-r & 0 \\ 0 & 2\sqrt{qr} & 0 & 0 \\ q-r & 0 & q+r & 0 \\ 0 & 0 & 0 & 2\sqrt{qr} \end{bmatrix} \tag{A.8}$$

Zirkularer Diattenuator, Transmissionsfaktoren q, r für die (orthogonalen) Eigenpolarisationen:

$$\frac{1}{2}\begin{bmatrix} q+r & 0 & 0 & q-r \\ 0 & 2\sqrt{qr} & 0 & 0 \\ 0 & 0 & 2\sqrt{qr} & 0 \\ q-r & 0 & 0 & q+r \end{bmatrix} \tag{A.9}$$

Linearer Retarder, Achse 0°, Retardierung δ:

$$\begin{bmatrix} 1 & 0 & 0 & 0 \\ 0 & 1 & 0 & 0 \\ 0 & 0 & \cos\delta & \sin\delta \\ 0 & 0 & -\sin\delta & \cos\delta \end{bmatrix} \tag{A.10}$$

Linearer Retarder, Achse 45°, Retardierung δ:

$$\begin{bmatrix} 1 & 0 & 0 & 0 \\ 0 & \cos\delta & 0 & -\sin\delta \\ 0 & 0 & 1 & 0 \\ 0 & \sin\delta & 0 & \cos\delta \end{bmatrix} \tag{A.11}$$

Linearer Retarder, Achse θ, Retardierung δ:

$$\begin{bmatrix} 1 & 0 & 0 & 0 \\ 0 & \cos^2 2\theta + \sin^2 2\theta \cos\delta & \sin 2\theta \cos 2\theta (1-\cos\delta) & -\sin 2\theta \sin\delta \\ 0 & \sin 2\theta \cos 2\theta (1-\cos\delta) & \sin^2 2\theta + \cos^2 2\theta \cos\delta & \cos 2\theta \sin\delta \\ 0 & \sin 2\theta \sin\delta & -\cos 2\theta \sin\delta & \cos\delta \end{bmatrix} \tag{A.12}$$

Zirkularer Retarder, Retardierung δ:

$$\begin{bmatrix} 1 & 0 & 0 & 0 \\ 0 & \cos\delta & \sin\delta & 0 \\ 0 & -\sin\delta & \cos\delta & 0 \\ 0 & 0 & 0 & 1 \end{bmatrix} \tag{A.13}$$

A Müller-Matrizen verschiedener optischer Elemente

Linearer Diattenuator und Retarder, Achse 0°, Transmissionsfaktoren q, r für die (orthogonalen) Eigenpolarisationen:

$$\frac{1}{2}\begin{bmatrix} q+r & q-r & 0 & 0 \\ q-r & q+r & 0 & 0 \\ 0 & 0 & 2\sqrt{qr}\cos\delta & 2\sqrt{qr}\sin\delta \\ 0 & 0 & -2\sqrt{qr}\sin\delta & 2\sqrt{qr}\cos\delta \end{bmatrix} \quad (A.14)$$

Idealer Depolarisator:

$$\begin{bmatrix} 1 & 0 & 0 & 0 \\ 0 & 0 & 0 & 0 \\ 0 & 0 & 0 & 0 \\ 0 & 0 & 0 & 0 \end{bmatrix} \quad (A.15)$$

Partieller Depolarisator:

$$\begin{bmatrix} 1 & 0 & 0 & 0 \\ 0 & d & 0 & 0 \\ 0 & 0 & d & 0 \\ 0 & 0 & 0 & d \end{bmatrix} \quad (A.16)$$

Linearer Diattenuator, Achse θ, Transmissionsfaktoren q, r für die (orthogonalen) Eigenpolarisationen:

$$\frac{1}{2}\begin{bmatrix} q+r & (q-r)\cos 2\theta & (q-r)\sin 2\theta & 0 \\ (q-r)\cos 2\theta & (q+r)\cos^2 2\theta + 2\sqrt{qr}\sin^2 2\theta & (q+r-2\sqrt{qr})\sin 2\theta \cos 2\theta & 0 \\ (q-r)\sin 2\theta & (q+r-2\sqrt{qr})\sin 2\theta \cos 2\theta & (q+r)\sin^2 2\theta + 2\sqrt{qr}\cos^2 2\theta & 0 \\ 0 & 0 & 0 & 2\sqrt{qr} \end{bmatrix} \quad (A.17)$$

Linearer Diattenuator und Retarder, Achse θ, Transmissionsfaktoren q, r für die (orthogonalen) Eigenpolarisationen, Retardierung δ:

$$\frac{1}{2}\begin{bmatrix} q+r & (q-r)\cos 2\theta & (q-r)\sin 2\theta & 0 \\ (q-r)\cos 2\theta & 2\sqrt{qr}\cos\delta - 2\sqrt{qr}\cos\delta\cos^2 2\theta + \cos^2 2\theta\, q + \cos^2 2\theta\, r & -\sin 2\theta \cos 2\theta(-q-r+2\sqrt{qr}\cos\delta) & -2\sqrt{qr}\sin 2\theta\sin\delta \\ (q-r)\sin 2\theta & -\sin 2\theta \cos 2\theta(-q-r+2\sqrt{qr}\cos\delta) & -\cos^2 2\theta\, q - \cos^2 2\theta\, r + 2\sqrt{qr}\cos\delta\cos^2 2\theta + q + r & 2\sqrt{qr}\cos 2\theta\sin\delta \\ 0 & 2\sqrt{qr}\sin 2\theta\sin\delta & -2\sqrt{qr}\cos 2\theta\sin\delta & 2\sqrt{qr}\cos\delta \end{bmatrix}$$

$$(A.18)$$

B Elektromagnetische Eigenschaften von Materialien

Anisotropie

Mit dem Begriff Anisotropie wird die Richtungsabhängigkeit einer Eigenschaft bezeichnet. In anisotropen Materialien müssen somit sämtliche optische Parameter wie z. B. dielektrische Funktion ε oder Permeabilität μ über Tensoren beschrieben werden.

Chiralität

Der Begriff Chiralität (Händigkeit) ist dem griechischen Wortstamm $\chi\varepsilon\acute{\iota}\rho$- (hand-), entliehen. Mit Chiralität bezeichnet man die topologische Eigenschaft eines Moleküls, weder eine Spiegelebene noch eine Drehspiegelachse zu besitzen. Bei der molekularen Chiralität liegt die Chiralität im einzelnen Molekül begründet und ist unabhängig vom Aggregatzustand. Im Gegensatz dazu findet sich die kristalline Chiralität in kondensierten Phasen. Hierbei ist der makroskopische Kristall chiral, begründet durch die Anordnung der Bausteine. Als Beispiele für Stoffe mit kristalliner Chiralität lassen sich Quarz oder kristalliner Zucker aufführen.
Chiralität ist für optische Aktivität zwar notwendig, aber nicht hinreichend: So kann ein chirales Molekül unter Umständen trotzdem optisch inaktiv sein.
In der Physik spricht man von Chiralität, wenn die Gesetzmäßigkeiten zweier zueinander spiegelbildlicher Systeme betrachtet werden. Ein Beispiel dafür ist die Propagation unterschiedliche polarisierter elektromagnetischer Wellen. Hierbei ist die Händigkeit durch die Helizität gegeben. Nach Weiglhofer und Lakhtakia [143] lassen sich chirale Medien mathematisch als reziproke, biisotrope Medien beschreiben.

B Elektromagnetische Eigenschaften von Materialien

Dichroismus

Dichroismus beschreibt die Abhängigkeit der Lichtabsorption bestimmter Stoffe von der Polarisation einer elektromagnetischen Welle. In Abhängigkeit von der Orientierung bezüglich der optischen Achse zeigt das Material unterschiedliche Absorptionsverhalten. Je nach Polarisation des eintretenden Lichts wird eine andere Frequenz absorbiert, was in zwei unterschiedlichen Farben in Abhängigkeit von der Blickrichtung resultiert. Hierbei wird in Abhängigkeit vom Polarisationszustand des einfallenden Lichts zwischen linearem Dichroismus (LD), d. h. der Differenz in der Absorption von parallel und senkrecht zu einer Achse polarisiertem Licht, und zirkularem Dichroismus (CD), d. h. der Differenz der Absorptionskoeffizienten für links bzw. rechts zirkular polarisiertes Licht beim Durchgang durch optische aktive Verbindungen, unterschieden. Sowohl LD als such CD sind für senkrecht zur Probe einfallendes Licht definiert.

Doppelbrechung

Als Doppelbrechung wird die Aufspaltung eines Lichtstrahls in einen ordentlichen und einen außerordentlichen Strahl, abhängig von der Eingangspolarisation, bezeichnet. Dieser Effekt tritt in anisotropen Materialien auf, bei denen die elektrische Feldstärke $\vec{E}$ und die elektrische Flussdichte $\vec{D}$ nicht-parallel sein können, obwohl sie linear miteinander verknüpft sind. Die Stärke der Doppelbrechung wird durch die Differenz der Brechungsindizes für außerordentlichen und ordentlichen Lichtstrahl nach $\Delta n = n_e - n_o$ gegeben.

Gyrotropie

In den meisten Fällen wird Gyrotropie mit optischer Aktivität gleichgesetzt. Der Begriff Gyrotropie bezeichnet vom Wortsinn her allgemein die Drehung des Polarisationszustandes des einfallenden Lichts.

Gyrotropie existiert somit in als „optisch aktiv" bezeichneten Materialien mit chiraler Struktur. Seit der Pionierarbeit von Bose [17] an Bündeln aus verdrillten Jutefasern sind auch künstliche gyrotrope chirale Medien bekannt, welche den Polarisationszustand der einfallenden elektromagnetischen Strahlung ändern. Eine andere Form der Gyrotropie besteht in Gegenwart eines starken Magnetfeldes. Unabhängig von der Ursache zeigen gyrotrope Materialien einen nichtlokaler Zusammenhang $D(E)$. Dabei ist es zur Ermittlung von $D(r,\omega)$ an einem Ort r nicht ausreichend, die Abhängigkeit vom Feld $E(r,\omega)$ allein an diesem Ort zu berücksichtigen. Vielmehr ist der Zusammenhang $D(E)$ nicht-lokal, d. h. die Verteilung von $E(r,\omega)$ in der Umgebung von r darf nicht vernachlässigt werden. Diese Nicht-Lokalität kann durch den Ausbreitungsvektor $\vec{k}$ berücksichtigt werden. Der dielektrische Tensor $\varepsilon_{ij}(\omega, \vec{k})$ lässt sich daher durch eine Reihe nach $\varepsilon_{ij}(\omega, \vec{k}) = \varepsilon_{ij}(\omega) + \mathrm{i}\gamma_{ijl}(\omega)k_l + \alpha_{ijlm}(\omega)k_l k_m$ darstellen. In gyrotropen Medien ist es ausreichend, lediglich die Terme erster Ordnung zu berücksichtigen, d. h. Gyrotropie kann als ein Phänomen erster Ordnung in P/λ betrachtet werden. Für den dielektrischen Tensor $\varepsilon_{ij}(\omega, \vec{k})$ erhält man damit die folgende Beziehung: $\varepsilon_{ij}(\omega, \vec{k}) = \varepsilon_{ij}(\omega) + \mathrm{i}\gamma_{ijl}(\omega)k_l$. Ein solches Medium ist vollkommen isotrop. In nicht-gyrotropen Medien, d. h. Medien mit Inversionssymmetrie, dagegen ist der Tensor γ_{ijl} Null. Somit darf die quadratische Abhängigkeit nicht vernachlässigt werden und der dielektrische Tensor $\varepsilon_{ij}(\omega, \vec{k})$ ergibt sich zu $\varepsilon_{ij}(\omega, \vec{k}) = \varepsilon_{ij}(\omega) + \alpha_{ijlm}(\omega)k_l k_m$ [2]. Der Drehsinn der resultierenden Polarisationsdrehung ist unabhängig von der Umkehr der Ausbreitungsrichtung. Dieses Verhalten wird als „reziprok" bezeichnet. Bei der durch ein äußeres Magnetfeld B bedingten Form der Gyrotropie beobachtet man eine lineare Abhängigkeit vom Magnetfeld. Dabei kehrt sich bei entgegengesetzter Ausbreitungsrichtung der rotatorische Drehsinn um, was als „nicht-reziprokes" Verhalten bezeichnet wird.

Optische Aktivität

Als optische Aktivität wird im allgemeinen Fall die Fähigkeit von Substanzen bezeichnet, den Polarisationszustand von Licht zu drehen. Klassischerweise ist dieses elementare Phänomen der Elektrodynamik mit der Chiralität von organischen Molekülen verbunden. Große Bedeutung erlangte die optische Aktivität vor allem auf den Gebieten der analytischen Chemie, der Kristallographie sowie der Molekularbiologie.

Substanzen, welche den Polarisationszustand des Lichts in die eine oder die andere Richtung drehen können, also optisch aktiv sind, werden als rechts- bzw. linksdrehend (die Polarisationsebene vom Beobachter aus nach rechts bzw. links drehend) bezeichnet. Liegen rechts- und linksdrehende Form einer Substanz in gleicher Konzentration vor, so ist das Gemisch optisch inaktiv. Es wird als Racemat bezeichnet.

Jeder Polarisationszustand kann durch eine Kombination aus rechts und links zirkular polarisiertem Licht ausgedrückt werden: $E_{\vartheta_0} = E_{\mathrm{rc}} + \mathrm{e}^{\mathrm{i}2\vartheta_0}E_{\mathrm{lc}}$. Dabei ist $2\vartheta_0$ die relative Phase zwischen beiden Polarisationsrichtungen. Da die optische Aktivität eine Art der Doppelbrechung darstellt, erfahren beide Polarisationszustände einen unterschiedlichen Brechungsindex. Diese Differenz im Brechungsindex quantifiziert die Stärke der optischen Aktivität, $\Delta n = n_{\mathrm{rc}} - n_{\mathrm{lc}}$, und ist eine Materialeigenschaft (für Substanzen in Lösungen wird diese Eigenschaft als spezifische Rotation bezeichnet). Nach einer bestimmten Länge L erhält man die relative Phase zu $2\Delta\vartheta = \frac{\Delta n L 2\pi}{\lambda}$. Damit ändert sich der Eingangspolarisationszustand ϑ_0 um $\Delta\vartheta$. Da für die meisten Materialien

B Elektromagnetische Eigenschaften von Materialien

der Brechungsindex von der Frequenz abhängt, weist auch die Rotation eine Frequenzabhängigkeit auf. Dies wird als optische Rotationsdispersion (engl. Optical Rotatory Dispersion, *ORD*) bezeichnet. Die optische Rotationsdispersion ist über eine Art Kramers-Kronig-Beziehung mit dem zirkularen Dichroismus verknüpft. Da diese Begriffe für einen Einfallswinkel von $\theta = 0°$ definiert sind, tritt auch die optische Aktivität bei senkrechtem Lichteinfall auf.

Magnetooptik

Die Magnetooptik beschäftigt sich mit der Wechselwirkung von Licht mit Materie im magnetischen Feld. Dabei besteht die Wechselwirkung darin, dass durch Anlegen eines externen Magnetfeldes ein Material doppelbrechend wird.
Betrachtet man den dielektrischen Tensor ε, so weist er im einfachsten Fall, d. h. für eine isotrope Probe in Abwesenheit äußerer Felder, identische Diagonalterme auf. Die Außerdiagonalelemente sind dabei alle Null. In Anwesenheit eines äußeren Magnetfeldes verändern sich die Diagonalelemente, und es tauchen zusätzlich asymmetrische Außerdiagonalelemente auf. Für den magnetooptischen Effekt sind dabei diese Außerdiagonalelemente des Tensors (magnetooptische Konstanten) von Bedeutung.
Durch Lösen der Wellengleichung erhält man für Wellen, die sich parallel zum Magnetfeld ausbreiten, zwei zirkular polarisierte Wellen mit einer Brechzahl $n_\pm = \sqrt{\varepsilon_{xx} \pm i\varepsilon_{xy}}$. Für senkrecht zum Magnetfeld verlaufende Wellen erhält man als Lösung zwei linear polarisierte Wellen. Die parallel zum Magnetfeld polarisierte (erste) Welle weist eine Brechzahl von $n_\parallel = \sqrt{\varepsilon_{zz}}$ auf, die senkrecht zum Magnetfeld polarisierte (zweite) Welle hat die Brechzahl $n_\perp = \sqrt{\varepsilon_{xx} + \varepsilon_{xy}^2/\varepsilon_{xx}}$.

Reziprozität

Die Reziprozität ist vor allem in der theoretischen Analyse komplexer Medien von Bedeutung. Im einfachsten Sinn ist ein System reziprok, sofern sich die Antwort eines Systems auf eine Quelle nicht ändert, wenn Beobachter und Quelle vertauscht werden. Allgemein beschreibt die Reziprozität die Wechselwirkung zwischen Feldern zweier Quellen p und q:

$$\langle\langle \mathrm{p}, \mathrm{q} \rangle\rangle = \int_{V_\mathrm{p}} \left[\vec{J}_e^\mathrm{p}(\vec{r}, \omega) \vec{E}^\mathrm{q}(\vec{r}, \omega) - \vec{J}_m^\mathrm{p}(\vec{r}, \omega) \vec{H}^\mathrm{q}(\vec{r}, \omega) \right] d^3\vec{r}. \tag{B.1}$$

Das Volumen V_p, über das in dieser Gleichung integriert wird, beinhaltet die Quelle p. Für die Quelle q lässt sich die Gleichung analog aufstellen. Wenn $\langle\langle \mathrm{p}, \mathrm{q} \rangle\rangle = \langle\langle \mathrm{q}, \mathrm{p} \rangle\rangle$ gilt, dann ist das

System reziprok.
Reziprozität ist also immer dann gegeben, wenn folgende Bedingungen erfüllt sind:

$$\varepsilon(\vec{r},\omega) = \varepsilon^T(\vec{r},\omega), \qquad \xi(\vec{r},\omega) = -\zeta^T(\vec{r},\omega), \qquad \mu(\vec{r},\omega) = \mu^T(\vec{r},\omega). \tag{B.2}$$

C Reflexionsmessungen

Wie bereits in Kapitel 7.1 erwähnt wurde, sind in der Literatur überwiegend Transmissionsmessungen zu finden. Dennoch soll in diesem Teil des Anhangs kurz auf die Reflexionsmessungen am Beispiel des Subwavelength Hole Arrays mit $P = 400\,\mathrm{nm}$, $d = 225\,\mathrm{nm}$ und $t = 20{,}5\,\mathrm{nm}$ eingegangen werden.

Aus Transmissionsmessungen (siehe z. B. Abb. 7.4) ist bekannt, dass sich ein Subwavelength Hole Array bei senkrecht zur Probe einfallendem Licht komplett isotrop verhält, während bei schrägem Lichteinfall eine deutliche Abhängigkeit sowohl vom Einfallswinkel θ als auch vom Azimut α beobachtet werden kann. Da die Reflexionsspektren, wie sie in Abbildung C.1 dargestellt sind, aufgrund der Messgeometrie lediglich für einen einen Einfallswinkelbereich zwischen 20° und 70° bestimmt werden konnten, lässt sich hierbei das isotrope Verhalten von Subwavelength Hole Arrays bei senkrechtem Lichteinfall nicht beobachten. Die Abhängigkeit von Einfallswinkel und Azimut dagegen ist bei Betrachtung der Reflexionsspektren deutlich sichtbar.

Wie in Abbildung C.1 (a) zu sehen ist, zeigen die Reflexionsspektren der Messungen, bei denen die Einfallsebene parallel zu den Achsen des SWHAs liegt ($\alpha = 0°$), mit zunehmendem Einfallswinkel eine starke Verschiebung des bei $\theta = 20°$ sichtbaren scharfen Reflexionsmaximums bei 1,35 eV zu kleineren Energien. Wird die Probe um 45° bezüglich der Einfallsebene gedreht, so stellt man fest, dass dieses Maximum für $\alpha = 45°$ nicht mehr ausgeprägt ist. Allerdings lässt sich unabhängig von der Orientierung eine Aufspaltung der zweiten Resonanz im Bereich von 1,8 eV beobachten. Diese Aufspaltung und das damit verbundene Auseinanderdriften der beiden Resonanzpeaks ist für den Einfallswinkel $\alpha = 45°$ (siehe Abb. C.1 (b)) besonders deutlich.

Zusammenfassend lässt sich sagen, dass die Reflexionsspektren vor allem aufgrund der ungünstigeren Messgeometrie, d. h. aufgrund der Einschränkung des messbaren Einfallswinkelbereiches auf 20° bis 70°, weniger aussagekräftig sind als die Transmissionsspektren. Zudem lässt sich die Unterdrückung der Transmission deutlich besser beobachten als die Erhöhung der Reflexion, insbesondere da die Reflexion an Subwavelength Hole Arrays aufgrund der Perforation auch oberhalb der Resonanzstelle im Vergleich zum geschlossenen Film (siehe Abb. C.2) deutlich abnimmt.

C Reflexionsmessungen

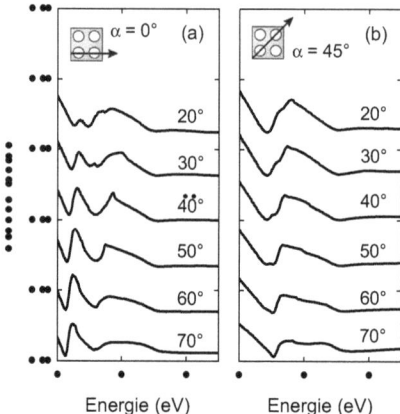

Abb. C.1: Abhängigkeit der Reflexion an einem Subwavelength Hole Array mit $P = 400\,\text{nm}$, $d = 225\,\text{nm}$ und $t = 20{,}5\,\text{nm}$ von Einfallswinkel θ und Azimut α. Da die Reflexionsspektren aufgrund der Messgeometrie lediglich für einen einen Einfallswinkelbereich zwischen 20° und 70° bestimmt wurden, kann das anhand der Transmissionsspektren beobachtete isotrope Verhalten des Subwavelength Hole Arrays bei Lichteinfall senkrecht zur Probenoberfläche nicht dargestellt werden. Analog zu den Ergebnissen der Transmissionsmessungen ist jedoch eine deutliche Abhängigkeit der Reflexionsspektren vom Einfallswinkel θ zu beobachten. In beiden Teilabbildungen sind die Kurven jeweils um einen Offset von 0,3 verschoben.

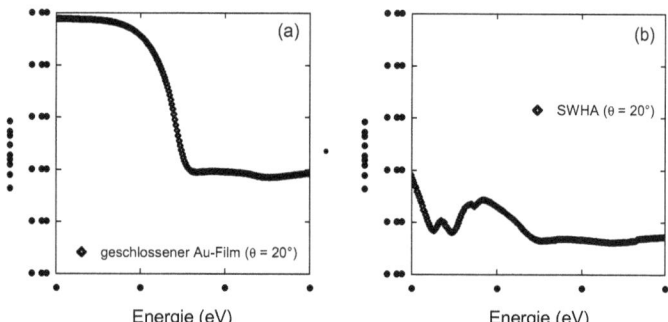

Abb. C.2: Bei einem Einfallswinkel von $\theta = 20°$ gemessene Reflexionsspektren der geschlossenen 20,5 nm dicken Goldschicht (Abb. (a)) und des Subwavelength Hole Arrays mit $P = 400\,\text{nm}$, $d = 225\,\text{nm}$ und $t = 20{,}5\,\text{nm}$ (Abb. (b)). Die Reflexion am Subwavelength Hole Array nimmt aufgrund der Perforation im Vergleich zum geschlossenen Film auch oberhalb der Resonanzstelle deutlich ab.

Literatur

[1] V. M. Agranovich und Y. N. Gartstein, *Spatial dispersion and negative refraction of light*, Phys. Usp. **49**, 1029 (2006).

[2] V. M. Agranovich und V. L. Ginzburg, *Crystal Optics with Spatial Dispersion, and Excitons*, Secon Corrected and Updated Edition, Springer Series in Solid-State Sciences 42 (Springer-Verlag Heidelberg, 1984).

[3] E. Altewischer, M. P. van Exter und J. P. Woerdman, *Plasmon-assisted transmission of entangled photons*, Nature **418**, 304 (2002).

[4] E. Altewischer, M. P. van Exter und J. P. Woerdman, *Polarization analysis of propagating surface plasmons in a subwavelength hole array*, J. Opt. Soc. Am. B **20**, 1927 (2003).

[5] E. Altewischer, M. P. van Exter und J. P. Woerdman, *Analytic model of optical depolarization in square and hexagonal nanohole arrays*, J. Opt. Soc. Am. B **22**, 1731 (2005).

[6] E. Altewischer, X. Ma, M. P. van Exter und J. P. Woerdman, *Fano-type interference in the point-spread function of nanohole arrays*, Opt. Lett. **30**, 2436 (2005).

[7] E. Altewischer, C. Genet, M. P. van Exter, J. P. Woerdman, P. F. A. Alkemade, A. van Zuuk und E. W. J. M. van der Drift, *Polarization tomography of metallic nanohole arrays*, Opt. Lett. **30**, 90 (2005).

[8] N. Andersen und K. Bartschat, *Polarization, alignment, and orientation in atomic collisions*, Bd. 29, Springer series on atomic, optical, and plasma physics (Springer Verlag, Heidelberg, 2001).

[9] I. Avrutsky, Y. Zhao und V. Kochergin, *Surface-plasmon-assisted resonant tunneling of light through a periodically corrugated thin metal film*, Opt. Lett. **25**, 595 (2000).

[10] R. M. A. Azzam und N. M. Bashara, *Ellipsometry and Polarized Light* (North-Holland Publishing Company, 1977).

[11] W. L. Barnes, A. Dereux und T. W. Ebbesen, *Surface plasmon subwavelength optics*, Nature **424**, 824 (2003).

[12] W. L. Barnes, W. A. Murray, J. Dintinger, E. Devaux und T. W. Ebbesen, *Surface plasmon polaritons and their role in the enhanced transmission of light through periodic arrays of subwavelength holes in a metal film*, Phys. Rev. Lett. **92**, 107401 (2004).

Literatur

[13] S. Ben Hatit, M. Foldyna, A. De Martino und B. Drévillon, *Angle-resolved Mueller polarimeter using a microscope objective*, Phys. Status Solidi A **205**, 743 (2008).

[14] H. E. Bennett und J. M. Bennett, *Validity of the Drude Theory for Silver, Gold and Aluminum in the Infrared*, in: Optical Properties and Electronic Structure of Metals and Alloys, hg. von F. Abelès (North-Holland Publishing Company, 1966).

[15] H. A. Bethe, *Theory of diffraction by small holes*, Phys. Rev. **66**, 163 (1944).

[16] M. Born und E. Wolf, *Principles of Optics* (Cambridge University Press, 1999).

[17] J. C. Bose, *On the rotation of plane of polarisation of electric waves by a twisted structure*, Proc. R. Soc. London **63**, 146 (1898).

[18] J. Braun, B. Gompf, G. Kobiela und M. Dressel, *How holes can obscure the view: Suppressed transmission through an ultrathin metal film by a subwavelength hole array*, Phys. Rev. Lett. **103**, 203901 (2009).

[19] J. Bravo-Abad, A. Degiron, F. Przybilla, C. Genet, F. J. Garcia-Vidal, L. Martin-Moreno und T. W. Ebbesen, *How light emerges from an illuminated array of subwavelength holes*, Nat. Phys. **2**, 120 (2006).

[20] J. J. Burke, G. I. Stegeman und T. Tamir, *Surface-polariton-like waves guided by thin, lossy metal films*, Phys. Rev. B **33**, 5186 (1986).

[21] Q. Cao und P. Lalanne, *Negative role of surface plasmons in the transmission of metallic gratings with very narrow slits*, Phys. Rev. Lett. **88**, 057403 (2002).

[22] S.-H. Chang, S. Gray und G. Schatz, *Surface plasmon generation and light transmission by isolated nanoholes and arrays of nanoholes in thin metal films*, Opt. Express **13**, 3150 (2005).

[23] R. A. Chipman, *Polarization analysis of optical systems*, Opt. Eng. **28**, 90 (1989).

[24] R. A. Chipman, *Polarimetry*, in: Handbook of Optics, hg. von M. Bass, Bd. II (McGraw-Hill Book Company, 1995), Kap. 22.

[25] S. Collin, F. Pardo, R. Teissier und J.-L. Pelouard, *Strong discontinuities in the complex photonic band structure of transmission metallic gratings*, Phys. Rev. B **63**, 033107 (2001).

[26] L. Dai und C. Jiang, *Anomalous near-perfect extraordinary optical absorption on subwavelength thin metal film grating*, Opt. Express **17**, 20502 (2009).

[27] M. Decker, M. W. Klein, M. Wegener und S. Linden, *Circular dichroism of planar chiral magnetic metamaterials*, Opt. Lett. **32**, 856 (2007).

[28] M. Decker, M. Ruther, C. E. Kriegler, J. Zhou, C. M. Soukoulis, S. Linden und M. Wegener, *Strong optical activity from twisted-cross photonic metamaterials*, Opt. Lett. **34**, 2501 (2009).

[29] A. Degiron, H. J. Lezec, W. L. Barnes und T. W. Ebbesen, *Effects of hole depth on enhanced light transmission through subwavelength hole arrays*, Appl. Phys. Lett. **81**, 4327 (2002).

[30] G. Dolling, C. Enkrich, M. Wegener, C. M. Soukoulis und S. Linden, *Low-loss negative-index metamaterial at telecommunication wavelengths*, Opt. Lett. **31**, 1800 (2006).

[31] M. Dressel und G. Grüner, *Electrodynamics of Solids* (Cambridge University Press, 2002).

[32] M. Dressel, B. Gompf, D. Faltermeier, A. K. Tripathi, J. Pflaum und M. Schubert, *Kramers-Kronig-consistent optical functions of anisotropic crystals: generalized spectroscopic ellipsometry on pentacene*, Opt. Express **16**, 19770 (2008).

[33] P. Drude, *Zur Elektronentheorie der Metalle*, Ann. Phys. **306**, 566 (1900).

[34] T. W. Ebbesen, H. J. Lezec, H. F. Ghaemi, T. Thio und P. A. Wolff, *Extraordinary optical transmission through sub-wavelength hole arrays*, Nature **391**, 667 (1998).

[35] E. N. Economou, *Surface plasmons in thin films*, Phys. Rev. **182**, 539 (1969).

[36] D. Faltermeier, *Ellipsometrie an organischen Dünnfilmen und Einkristallen zur Bestimmung der optischen und strukturellen Eigenschaften*, Diss., Universität Stuttgart, 2007.

[37] U. Fano, *On the theory of the intensity anomalies of diffraction*, Ann. Phys. **32**, 393 (1938).

[38] U. Fano, *A Stokes parameter technique for the treatment of polarization in quantum mechanics*, Phys. Rev. **93**, 121 (1954).

[39] U. Fano, *Effects of configuration interaction on intensities and phase shifts*, Phys. Rev. **124**, 1866 (1961).

[40] M. Fox, *Optical Properties of Solids* (Oxford University Press, 2001).

[41] H. Fujiwara, *Spectroscopic ellipsometry: principles and applications* (Wiley-VCH, 2007).

[42] J. C. M. Garnett, *Colours in metal glasses and in metallic films*, Philos. Trans. R. Soc. London A **203**, 385 (1904).

[43] J. C. M. Garnett, *Colours in metal glasses, in metallic films, and in metallic solutions. II*, Philos. Trans. R. Soc. London A **205**, 237 (1906).

[44] G. Gay, O. Alloschery, B. V. De Lesegno, C. O'Dwyer, J. Weiner und H. J. Lezec, *The optical response of nanostructured surfaces and the composite diffracted evanescent wave model*, Nat. Phys. **2**, 262 (2006).

[45] C. Genet und T. W. Ebbesen, *Light in tiny holes*, Nature **445**, 39 (2007).

[46] C. Genet, M. P. van Exter und J. P. Woerdman, *Fano-type interpretation of red shifts and red tails in hole array transmission spectra*, Opt. Commun. **225**, 331 (2003).

[47] C. Genet, E. Altewischer, M. P. van Exter und J. P. Woerdman, *Optical depolarization induced by arrays of subwavelength metal holes*, Phys. Rev. B **71**, 033409 (2005).

Literatur

[48] A. Gerrard und J. M. Burch, *Introduction to Matrix Methods in Optics*, Wiley Series in Pure and Applied Optics (John Wiley & Sons, London, 1975).

[49] H. F. Ghaemi, T. Thio, D. E. Grupp, T. W. Ebbesen und H. J. Lezec, *Surface plasmons enhance optical transmission through subwavelength holes*, Phys. Rev. B **58**, 6779 (1998).

[50] J. J. Gil und E. Bernabeu, *Obtainment of the polarizing and retardation parameters of a non-depolarizing optical system from the polar decomposition of its Mueller matrix*, Optik **76**, 67 (1987).

[51] J. W. Goethe, *Goethe's Werke: Nachträge zur Farbenlehre*, Bd. 55 (Stuttgart und Tübingen, in der J. G. Cotta'schen Buchhandlung, 1834).

[52] D. Goldstein, *Polarized Light* (Marcel Dekker Inc., 2003).

[53] B. Gompf, J. Braun, T. Weiss, H. Giessen, U. Hübner und M. Dressel, *Periodic nanostructures: Spatial dispersion mimics chirality*, zur Veröffentlichung eingereicht, 2010.

[54] R. Gordon, A. G. Brolo, A. McKinnon, A. Rajora, B. Leathern und K. L. Kavanagh, *Strong polarization in the optical transmission through elliptical nanohole arrays*, Phys. Rev. Lett. **92**, 037401 (2004).

[55] J. Han, A. K. Azad, M. Gong, X. Lu und W. Zhang, *Coupling between surface plasmons and nonresonant transmission in subwavelength holes at terahertz frequencies*, Appl. Phys. Lett. **91**, 071122 (2007).

[56] R. F. Harrington und A. T. Villeneuve, *Reciprocity relationships for gyrotropic media*, IRE Trans. Microwave Theory Tech. **MTT-6**, 308 (1958).

[57] E. Hecht, *Optik* (Oldenbourg Verlag, 2001).

[58] K. H. Hellwege, *Optische Anisotropie kubischer Kristalle bei Quadrupolstrahlung*, Z. Phys. A: Hadrons Nucl. **129**, 626 (1951).

[59] J. Henzie, M. H. Lee und T. W. Odom, *Multiscale patterning of plasmonic metamaterials*, Nat. Nanotechnol. **2**, 549 (2007).

[60] A. Hessel und A. A. Oliner, *A new theory of Wood's anomalies on optical gratings*, Appl. Opt. **4**, 1275 (1965).

[61] D. Hoffmann, *Paul Drude (1863–1906): Leben und Werk*, in: Zur Elektronentheorie der Metalle, hg. von H. T. Grahn und D. Hoffmann, Bd. 298, Ostwalds Klassiker der exakten Wissenschaften (Verlag Harry Deutsch, 2006).

[62] R. M. Hornreich und S. Shtrikman, *Theory of gyrotropic birefringence*, Phys. Rev. **171**, 1065–1074 (1968).

[63] M. Hövel, *Elektrodynamik dünner Metallfilme am Isolator-Metall-Übergang*, Diss., Universität Stuttgart, 2010.

[64] M. Hövel, B. Gompf und M. Dressel, *Dielectric properties of ultrathin metal films around the percolation threshold*, Phys. Rev. B **81**, 035402 (2010).

[65] C. Illert, *Formulation and solution of the classical seashell problem I - Seashell geometry*, Nuovo Cimento Soc. Ital. Fis. D **9**, 791 (1987).

[66] J. A. Woollam Co., Inc., *Metamaterials: The Meta-6^{TM} layer*, Techn. Ber., J. A. Woollam Co., Inc., 2008.

[67] J. D. Jackson, *Classical Electrodynamics* (John Wiley & Sons, Inc., 1975).

[68] H. G. Jerrard, *Transmission of light through birefringent and optically active media: The Poincaré sphere*, Opt. Soc. Am. **44**, 634 (1954).

[69] R. C. Jones, *A new calculus for the treatment of optical systems*, J. Opt. Soc. Am. **31**, 500 (1941).

[70] N. Kerwien, *Zum Einfluss von Polarisationseffekten in der mikroskopischen Bildentstehung*, Diss., Universität Stuttgart, 2007.

[71] M.-W. Kim, T.-T. Kim, J.-E. Kim und H. Y. Park, *Surface plasmon polariton resonance and transmission enhancement of light through subwavelength slit arrays in metallic films*, Opt. Express **17**, 12315 (2009).

[72] T. J. Kim, T. Thio, T. W. Ebbesen, D. E. Grupp und H. J. Lezec, *Control of optical transmission through metals perforated with subwavelength hole arrays*, English, Opt. Lett. **24**, 256 (1999).

[73] K. J. Klein Koerkamp, S. Enoch, F. B. Segerink, N. F. van Hulst und L. Kuipers, *Strong influence of hole shape on extraordinary transmission through periodic arrays of subwavelength holes*, Phys. Rev. Lett. **92**, 183901 (2004).

[74] G. Kobiela, *Manufacturing and Spectroscopy of Nano- and Meta-Structures*, Diplomarbeit, Universität Stuttgart, 2009.

[75] M. J. Kofke, D. H. Waldeck, Z. Fakhraai, S. Ip und G. C. Walker, *The effect of periodicity on the extraordinary optical transmission of annular aperture arrays*, Appl. Phys. Lett. **94**, 023104 (2009).

[76] J. A. Kong, *Reciprocity relationships for bianisotropic media*, Proc. IEEE **58**, 1966 (1970).

[77] J. A. Kong, *Theorems of bianisotropic media*, Proc. IEEE **60**, 1036 (1972).

[78] U. Kreibig und M. Vollmer, *Optical Properties of Metal Clusters* (Springer-Verlag, 1995).

[79] E. Kretschmann, *Die Bestimmung optischer Konstanten von Metallen durch Anregung von Oberflächenplasmaschwingungen*, Z. Physik **241**, 313 (1971).

[80] A. Krishnan, T. Thio, T. J. Kim, H. J. Lezec, T. W. Ebbesen, P. A. Wolff, J. Pendry, L. Martín-Moreno und F. J. García-Vidal, *Evanescently coupled resonance in surface plasmon enhanced transmission*, Opt. Commun. **200**, 1 (2001).

Literatur

[81] M. Kuwata-Gonokami, N. Saito, Y. Ino, M. Kauranen, K. Jefimovs, T. Vallius, J. Turunen und Y. Svirko, *Giant optical activity in quasi-two-dimensional planar nanostructures*, Phys. Rev. Lett. **95**, 227401 (2005).

[82] A. Lakhtakia und W. S. Weiglhofer, *Are linear, nonreciprocal, biisotropic media forbidden?*, IEEE Trans. Microwave Theory Tech. **42**, 1715 (1994).

[83] P. Lalanne, J. P. Hugonin, S. Astilean, M. Palamaru und K. D. Möller, *One-mode model and Airy-like formulae for one-dimensional metallic gratings*, J. Opt. A: Pure Appl. Opt. **2**, 48 (2000).

[84] L. D. Landau und E. M. Lifschitz, *Lehrbuch der theoretischen Physik*, Bd. II (Akademie-Verlag Berlin, 1989).

[85] H. J. Lezec und T. Thio, *Diffracted evanescent wave model for enhanced and suppressed optical transmission through subwavelength hole arrays*, Opt. Express **12**, 3629 (2004).

[86] I. V. Lindell, A. H. Sihvola, S. A. Tretyakov und A. J. Viitanen, *Electromagnetic Waves in Chiral and Bi-isotropic Media* (Artech House, Inc., 1994).

[87] C. Liu, V. Kamaev und Z. V. Vardeny, *Efficiency enhancement of an organic light-emitting diode with a cathode forming two-dimensional periodic hole array*, Appl. Phys. Lett. **86**, 143501 (2005).

[88] N. Liu, H. Guo, L. Fu, H. Schweizer, S. Kaiser und H. Giessen, *Electromagnetic resonances in single and double split-ring resonator metamaterials in the near infrared spectral region*, Phys. Status Solidi B **244**, 1251 (2007).

[89] N. Liu, H. Guo, L. Fu, S. Kaiser, H. Schweizer und H. Giessen, *Three-dimensional photonic metamaterials at optical frequencies*, Nat. Mater. **7**, 31 (2008).

[90] N. Liu, L. Fu, S. Kaiser, H. Schweizer und H. Giessen, *Plasmonic building blocks for magnetic molecules in three-dimensional optical metamaterials*, Adv. Mater. **20**, 1 (2008).

[91] S. Y. Lu und R. A. Chipman, *Homogeneous and inhomogeneous Jones matrices*, J. Opt. Soc. Am. A **11**, 766 (1994).

[92] S. Y. Lu und R. A. Chipman, *Interpretation of Mueller matrices based on polar decomposition*, J. Opt. Soc. Am. A **13**, 1106 (1996).

[93] D. W. Lynch und W. R. Hunter, *Comments on the optical constants of metals and an introduction to the data for several metals*, in: Handbook of Optical Constants of Solids, hg. von E. D. Palik, Bd. I (Academic Press, 1998).

[94] L. Martín-Moreno, F. J. García-Vidal, H. J. Lezec, K. M. Pellerin, T. Thio, J. Pendry und T. W. Ebbesen, *Theory of extraordinary optical transmission through subwavelength hole arrays*, Phys. Rev. Lett. **86**, 1114 (2001).

[95] D. Maystre und M. Nevière, *Quantitative theoretical study of the plasmon anomalies of diffraction gratings*, J. Opt. (Paris) **8**, 165 (1977).

[96] D. B. Melrose und R. C. McPhedran, *Electromagnetic processes in dispersive media* (Cambridge University Press, 1991).

[97] K. L. van der Molen, F. B. Segerink, N. F. van Hulst und L. Kuipers, *Influence of hole size on the extraordinary transmission through subwavelength hole arrays*, Appl. Phys. Lett. **85**, 4316 (2004).

[98] K. L. van der Molen, K. J. Klein Koerkamp, S. Enoch, F. B. Segerink, N. F. van Hulst und L. Kuipers, *Role of shape and localized resonances in extraordinary transmission through periodic arrays of subwavelength holes: Experiment and theory*, Phys. Rev. B **72**, 045421 (2005).

[99] B. Neumann und F. G. Kotyga, *Antike Gläser, ihre Zusammensetzung und Färbung*, Angew. Chemie **38**, 857 (1925).

[100] M. Nevière, D. Maystre und P. Vincent, *Determination of the leaky modes of a corrugated waveguide: Application to the study of anomalies of dielectric coated gratings*, J. Opt. (Paris) **8**, 231 (1977).

[101] R. Ossikovski, M. Anastasiadou, S. Ben Hatit, E. Garcia-Caurel und A. De Martino, *Depolarizing Mueller matrices: How to decompose them?*, Phys. Status Solidi A **205**, 720 (2008).

[102] T. H. Park und P. Nordlander, *On the nature of the bonding and antibonding metallic film and nanoshell plasmons*, Chem. Phys. Lett. **472**, 228 (2009).

[103] J. Pastrnak und K. Vedam, *Optical anisotropy of silicon single crystals*, Phys. Rev. B **3**, 2567 (1971).

[104] E. Plum, V. A. Fedotov, A. S. Schwanecke, N. I. Zheludev und Y. Chen, *Giant optical gyrotropy due to electromagnetic coupling*, Appl. Phys. Lett. **90**, 223113 (2007).

[105] E. Plum, V. A. Fedotov und N. I. Zheludev, *Optical activity in extrinsically chiral metamaterial*, Appl. Phys. Lett. **93**, 191911 (2008).

[106] E. Plum, V. A. Fedotov und N. I. Zheludev, *Extrinsic electromagnetic chirality in metamaterials*, J. Opt. A: Pure Appl. Opt. **11**, 074009 (2009).

[107] E. Plum, X. X. Liu, V. A. Fedotov, Y. Chen, D. P. Tsai und N. I. Zheludev, *Metamaterials: Optical activity without chirality*, Phys. Rev. Lett. **102**, 113902 (2009).

[108] E. Popov, M. Nevière, S. Enoch und R. Reinisch, *Theory of light transmission through subwavelength periodic hole arrays*, Phys. Rev. B **62**, 16100 (2000).

[109] J. A. Porto, F. J. García-Vidal und J. B. Pendry, *Transmission resonances on metallic gratings with very narrow slits*, Phys. Rev. Lett. **83**, 2845 (1999).

Literatur

[110] R. J. Potton, *Reciprocity in optics*, Rep. Prog. Phys. **67**, 717 (2004).

[111] H. Raether, *Surface Plamons on Smooth and Rough Surfaces and on Gratings*, Bd. 111, Springer Tracts in Modern Physics (Springer-Verlag, 1988).

[112] L. Rayleigh, *On the dynamical theory of gratings*, Proc. Roy. Soc. A **79**, 399 (1907).

[113] D. Reibold, F. Shao, A. Erdmann und U. Peschel, *Extraordinary low transmission effects for ultra-thin patterned metal films*, Opt. Express **17**, 544 (2009).

[114] R. H. Ritchie, *Surface plasmons in solids*, Surf. Sci. **34**, 1 (1973).

[115] R. H. Ritchie, E. T. Arakawa, J. J. Cowan und R. N. Hamm, *Surface-plasmon resonance effect in grating diffraction*, Phys. Rev. Lett. **21**, 1530 (1968).

[116] A. Rodger und B. Nordén, *Circular Dichroism and Linear Dichroism* (Oxford University Press, 1997).

[117] S. G. Rodrigo, L. Martín-Moreno, A. Y. Nikitin, A. V. Kats, I. S. Spevak und F. J. García-Vidal, *Extraordinary optical transmission through hole arrays in optically thin metal films*, Opt. Lett. **34**, 4 (2009).

[118] J. R. Sambles, G. W. Bradbery und F. Yang, *Optical excitation of surface plasmons: An introduction*, Contemp. Phys. **32**, 173 (1991).

[119] R. Sambles, *Photonics - More than transparent*, Nature **391**, 641 (1998).

[120] D. Sarid, *Long-range surface-plasma waves on very thin metal films*, Phys. Rev. Lett. **26**, 1927 (1981).

[121] M. Sarrazin, J.-P. Vigneron und J.-M. Vigoureux, *Role of Wood anomalies in optical properties of thin metallic films with a bidimensional array of subwavelength holes*, Phys. Rev. B **67**, 085415 (2003).

[122] J. A. Schellman, *Circular dichroism and optical rotation*, Chem. Rev. **75**, 323 (1975).

[123] D. Schmidt, E. Schubert und M. Schubert, *Generalized ellipsometry determination of non-reciprocity in chiral silicon sculptured thin films*, Phys. Status Solidi A **205**, 748 (2008).

[124] U. Schröter und D. Heitmann, *Surface-plasmon-enhanced transmission through metallic gratings*, Phys. Rev. B **58**, 15419 (1998).

[125] H. Schweizer, L. Fu, H. Gräbeldinger, H. Guo, N. Liu, S. Kaiser und H. Giessen, *Negative permeability around 630 nm in nanofabricated vertical meander metamaterials*, Phys. Status Solidi A **204**, 3886 (2007).

[126] H. Schweizer, L. Fu, H. Gräbeldinger, H. Guo, N. Liu, S. Kaiser und H. Giessen, *Longitudinal capacitance design for optical left-handed metamaterials*, Phys. Status Solidi B **244**, 1243 (2007).

[127] S. Selcuk, K. Woo, D. B. Tanner, A. F. Hebard, A. G. Borisov und S. V. Shabanov, *Trapped electromagnetic modes and scaling in the transmittance of perforated metal films*, Phys. Rev. Lett. **97**, 067403 (2006).

[128] A. Serdyukov, I. Semchenko, S. Tretyakov und A. Sihvola, *Electromagnetics of Bi-anisotropic Materials: Theory and Applications*, Bd. 11, Electrocomponent science monographs (Gordon und Breach Science Publishers, 2001).

[129] R. A. Shelby, D. R. Smith und S. Schultz, *Experimental verification of a negative index of refraction*, Science **292**, 77 (2001).

[130] A. H. Sihvola, *Are nonreciprocal bi-isotropic media forbidden indeed?*, IEEE Trans. Microwave Theory Tech. **43**, 2160 (1995).

[131] A. H. Sihvola, *Electromagnetic mixing formulas and applications*, Bd. 47, IEE Electromagnetic Waves Series (Institution of Electrical Engineers, 1999).

[132] G. Snatzke, *Circulardichroismus und optische Rotationsdispersion - Grundlagen und Anwendung auf die Untersuchung der Stereochemie von Naturstoffen*, Angew. Chemie **80**, 15 (1968).

[133] G. Snatzke, *Optische Rotationsdispersion und Circulardichroismus - Methodik und Anwendung auf die Konformationsanalyse*, Z. Anal. Chem. **235**, 1 (1968).

[134] A. Sommerfeld und H. A. Bethe, *Elektronentheorie der Metalle* (Springer Verlag, Heidelberg, 1967).

[135] I. S. Spevak, A. Y. Nikitin, E. V. Bezuglyi, A. Levchenko und A. V. Kats, *Resonantly suppressed transmission and anomalously enhanced light absorption in periodically modulated ultrathin metal films*, Phys. Rev. B **79**, 161406(R) (2009).

[136] G. I. Stegemann, J. J. Burke und D. G. Hall, *Surface-polaritonlike waves guided by thin, lossy metal films*, Opt. Lett. **8**, 383 (1983).

[137] G. G. Stokes, *On the composition and resolution of streams of polarized light from different sources*, Trans. Cambridge Phil. Soc. **9**, 399 (1852), Nachdruck in: *Mathematical and Physical Papers*, Bd. III, (Cambridge University Press, 1901), S. 233.

[138] H. G Tompkins und E. A. Irene, Hg., *Handbook of Ellipsometry* (William Andrew Publishing, Springer, 2005).

[139] M. M. J. Treacy, *Dynamical diffraction in metallic optical gratings*, Appl. Phys. Lett. **75**, 606 (1999).

[140] M. M. J. Treacy, *Dynamical diffraction explanation of the anomalous transmission of light through metallic gratings*, Phys. Rev. B **66**, 195105 (2002).

[141] R. Ulrich und M. Tacke, *Submillimeter waveguiding on periodic metal structure*, Appl. Phys. Lett. **22**, 251–253 (1973).

[142] V. G. Veselago, *The elctrodynamics of substances with simultaneously negative values of ε and μ*, Sov. Phys. Uspekhi **10**, 509 (1968).

[143] W. S. Weiglhofer und A. Lakhtakia, *Causality and natural optical activity (chirality)*, J. Opt. Soc. Am. A **13**, 385 (1996).

[144] J. Weiner, *The physics of light transmission through subwavelength apertures and aperture arrays*, Rep. Prog. Phys. **72**, 064401 (2009).

[145] T. Weiss, G. Granet, N. A. Gippius, S. G. Tikhodeev und H. Giessen, *Matched coordinates and adaptive spatial resolution in the Fourier modal method*, Opt. Express **17**, 8051 (2009).

[146] R. Williams, *Optical rotatory effect in the nematic liquid phase of p-azoxyanisole*, Phys. Rev. Lett. **21**, 342 (1968).

[147] R. W. Wood, *On a remarkable case of uneven distribution of light in a diffraction grating spectrum*, Phil. Mag. **4**, 396 (1902).

[148] R. W. Wood, *Anomalous diffraction gratings*, Phys. Rev. **48**, 928 (1935).

[149] F. Wooten, *Optical Properties of Solids* (Academic Press, 1972).

[150] F. Z. Yang, J. R. Sambles und G. W. Bradberry, *Long-range surface modes supported by thin films*, Phys. Rev. B **44**, 5855 (1991).

Danksagung

An dieser Stelle möchte ich die Gelegenheit nutzen, mich bei all jenen zu bedanken, die zum Gelingen dieser Arbeit beigetragen haben.

Herrn Prof. Dr. Martin Dressel danke ich für die freundliche Aufnahme in seine Arbeitsgruppe und für die Überlassung dieses äußerst interessanten Themas. Außerdem danke ich ihm dafür, dass er mir als Chemikern die Möglichkeit eröffnet hat, das Forschungsleben auch aus Sicht eines Physikers kennen- und schätzen gelernt zu haben.

Herrn Prof. Dr. Frank Gießelmann danke ich für seine offene und freundliche Bereitschaft, den Mitbericht zu übernehmen, sowie für seine Unterstützung in der Fakultät für Chemie.

Herrn Dr. Bruno Gompf möchte ich für die Betreuung dieser Arbeit sowie für zahlreiche hilfreiche Diskussionen und Anregungen danken.

Herrn Thomas Weiss danke ich für die FMM-Simulationen sowie für einige interessante und hilfreiche Gespräche.

Bei Herrn Dr. Uwe Hübner möchte ich mich für die Herstellung der Proben mittels Elektronenstrahllithographie bedanken.

Herrn Georg Kobiela danke ich für die Überlassung der mittels Interferenzlithographie hergestellten Probe.

Ein großes Dankeschön geht an Herrn Dr. Martin Hövel, zum einen für das Korrekturlesen und die konstruktiven Vorschläge, zum anderen für zahlreiche Diskussionen und Gespräche, die vorwiegend das Thema „optische Eigenschaften von Materialien" betrafen.

Frau Gabriele Untereiner danke ich für ihre Unterstützung sowie ihre ständige Hilfsbereitschaft in praktischen Dingen wie Beschaffung, Reinigung und Montage diverser Substrate.

Allen aktiven und ehemaligen Institutsmitgliedern möchte ich für die ausgesprochen angenehme Arbeitsatmosphäre sowie für die tolle Zeit innerhalb und außerhalb des Instituts danken.

Danksagung

Besonderer Dank gebührt meiner Familie, vor allem meinen Eltern Gertraud und Hartmut Braun, ohne deren Rückhalt und Unterstützung sich die Studien- und Promotionszeit sehr viel schwieriger gestaltet hätte.

I want morebooks!

Buy your books fast and straightforward online - at one of world's fastest growing online book stores! Environmentally sound due to Print-on-Demand technologies.

Buy your books online at
www.morebooks.shop

Kaufen Sie Ihre Bücher schnell und unkompliziert online – auf einer der am schnellsten wachsenden Buchhandelsplattformen weltweit! Dank Print-On-Demand umwelt- und ressourcenschonend produziert.

Bücher schneller online kaufen
www.morebooks.shop

KS OmniScriptum Publishing
Brivibas gatve 197
LV-1039 Riga, Latvia
Telefax: +371 686 204 55

info@omniscriptum.com
www.omniscriptum.com

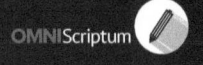

Printed by Books on Demand GmbH, Norderstedt / Germany